教育部人文社会科学青年基金项目
“数字音频创意教育及产业化的研究”（19YJC760110）

媒介融合与传媒转型丛书

数字音频艺术及其产业化研究

王贤波 著

·广州·

图书在版编目（CIP）数据

数字音频艺术及其产业化研究/王贤波著. —广州：中山大学出版社，2025. 2
（媒介融合与传媒转型丛书）
ISBN 978－7－306－08103－2

Ⅰ. ①数…　Ⅱ. ①王…　Ⅲ. ①数字音频技术　Ⅳ. ①TN912. 2

中国国家版本馆 CIP 数据核字（2024）第 101282 号

出 版 人：王天琪
策划编辑：邹岚萍
责任编辑：邹岚萍
封面设计：曾　斌
责任校对：邱紫妍
责任技编：靳晓虹
出版发行：中山大学出版社
电　　话：编辑部 020－84110283，84113349，84111997，84110779，84110776
　　　　　发行部 020－84111998，84111981，84111160
地　　址：广州市新港西路 135 号
邮　　编：510275　　传　　真：020－84036565
网　　址：http://www. zsup. com. cn　E-mail：zdcbs@ mail. sysu. edu. cn
印 刷 者：佛山市浩文彩色印刷有限公司
规　　格：787mm×1092mm　1/16　10 印张　158 千字
版次印次：2025 年 2 月第 1 版　2025 年 2 月第 1 次印刷
定　　价：35. 00 元

本书为教育部人文社会科学青年基金项目“数字音频创意教育及产业化的研究”（19YJC760110）、江苏省青蓝工程优秀教学团队“数字创意设计团队”项目结项成果。

作 者 简 介

王贤波，男，1979 年 7 月出生，安徽合肥人。2012 年毕业于中国传媒大学戏剧与影视学院，获博士学位。金陵科技学院动漫学院院长、教授、硕士生导师。江苏省青蓝工程中青年学术带头人，江苏省首席科技传播专家，荣获南京市“五个一批”人才、南京市百名优秀文化人才等称号。主要从事广播电视艺术、动画与数字媒体艺术的研究工作。出版专著《当代电视艺术的视觉性思维》，并获得江苏省社科应用精品工程奖优秀成果二等奖、南京市哲学社会科学优秀成果三等奖。在《现代传播》《中国电视》《中国广播电视学刊》《电影文学》等刊物发表文章 30 余篇。

内容简介

本书以数字音频为主要研究对象，涉及广播、影视动漫声音设计、游戏娱乐声音设计、有声小说、声音装置等各种类型，从审美体验、传播特性、产业发展等多个维度进行分析，以期构建当下数字音频艺术发展的图谱。

全书以艺术美学为统领，结合中西方艺术史中关于声音的理论研究成果，具体分析当下数字音频艺术及其产业现状，进而为读者了解数字音频艺术的一般性特征和产业形态等提供参考。

目　　录

写在前面：呼唤数字音频艺术时代的到来

托马斯·爱迪生是留声机的发明者，也是第一个向世界展示留声机的人。1877 年，他带着自己制造的留声机样品拜访了《科学美国人》杂志设在纽约的编辑部，这个可以发声的神奇装置让围观者赞叹不已，人们发现它可以客观、形象地记录人的声音，这预示着一个以声音为对象的时代到来了。加拿大蒙特利尔的麦吉尔大学艺术史和传播研究系副教授乔纳森·斯特恩在讨论留声机这一世纪发明的时候说：“由于任何一个媒介都是各种社会力量交互作用的结果，因而，我们可以预测，当社会环境发生变化时，媒介也可能发生变化。留声机的历史就相当有力地证明了这一点。”[①] 因此，本书旨在探索声音这一特殊媒介，分析当下数字音频艺术及其产业的发展。在开始探索之前，我想先解答以下三个问题，进而为本书的内容做一个统领。

一、为什么要进行数字音频艺术的研究

在近几十年的艺术美学研究中，关于视觉文化研究的成果非常丰富，代表性的学者很多，研究体系也相对完备。但同时，对与视觉艺术相伴而生的听觉艺术的关注则较少，研究相对薄弱，体系性也不明显。与视觉信息的直观性不同，听觉信息更具隐蔽性和伴随性，人们往往沉浸在听觉信息场中而不自觉。尤其是随着现代计算机技术的发展，声音的制作、表现、传播更加自由和便捷，形式也越来越多样，特别是作为空间艺术形态而存在的声音装置艺术、作为日常生活艺术形态存在的音乐艺术等各种声音形式的出现，使得我们的生活与声音这一媒介的联系越来越紧密，我们

① ［加］戴维·克劳利、保罗·海尔编：《传播的历史：技术、文化和社会》（第六版），董璐、何道宽、王树国译，北京大学出版社 2018 年版，第 177 ～ 178 页。

未来的生活也越来越离不开声音媒介。因此，作为高校的一名研究人员、教师，我觉得自己可以在这个领域做一些工作，并尝试接触和探索数字音频艺术领域的一些问题。在研究过程中，鉴于自身的职业特点，我尤其关注数字音频艺术的审美问题，探索如何结合数字音频艺术开展当下的美育研究，分析当下美育中的声音艺术问题。

值得一提的是，对数字音频艺术研究的动因还来自我对广播剧的喜爱，在我的教学生涯中，我有幸与当代广播剧研究的开拓者朱宝贺老师结缘，并在他的指导下步入了数字音频艺术研究的大门。后来又与南京广播电台的叶帆老师合作，开展广播电视文艺教学以及广播剧创作，在这个过程中我逐渐对广播剧产生了兴趣，还尝试写了一些广播剧剧本。虽然整个研究时间不长，创作的剧本数量也有限，却实实在在地让我对传统广播剧、微广播剧、网络广播剧以及后来的有声小说、配音秀等衍生产品有了大量阅读体验，并逐渐喜欢上了这一门独特而又小众的声音艺术。早些年，我还发表了一些文章分析广播剧的艺术特征和产业发展现状。近些年，因为工作的关系，我开始接触动漫艺术。我所在的高校有一个拥有17万册藏书的动漫图书馆，在整理和展陈这些动漫图书的过程中，我选择了一些图书进行音频化处理，并用广播剧的形式来展现，还在动漫图书馆中设立了一个音频听书专区。通过这一项工作，我把早先在广播剧研究中积累的知识储备迁移到动漫图书音频化处理中，并逐步形成了一些新理解、新思考，工作上的这些经历又让我产生了开展数字音频艺术研究的冲动。结合本课题申报和验收的要求，在日常工作之外，我抽出更多时间去研究新媒体时代的数字音频艺术，试图建构我所理解的话语体系。

二、如何理解今天的数字音频艺术

数字音频艺术是新媒体时代技术发展的产物，技术催生了新的声音艺术存储和传播方式，诞生了多种现代声音艺术。但从艺术的核心观念出发，我理解的数字音频艺术是声音艺术借助数字化手段而实现的一种升级和变革，其本身的艺术属性、艺术特征和审美接受方式等不仅是研究的重点，更是数字音频艺术的核心要素。围绕艺术这一条主线，只有从涌现出来的诸多艺术样式中寻找数字音频艺术的共性和规律，其语言体系才有可能真正确立，并且，只有对象明确了，数字音频艺术审美的研究方法也才能确立。抛开技术的单一话语体系不谈，单从艺术角度来分析数字音频艺术，其理论研究可以借鉴传统中国艺术文化、西方艺术文化的研究成果，实现创造性转化和创新性发展。事实上，古今中外不少著作中都有关于声音艺术的论述，如中国古代墨子的《非乐》、嵇康的《声无哀乐论》，古希腊贺拉斯的《诗艺》，德国黑格尔的《美学》、席勒的《审美教育书简》等著作中对声音艺术理论都有着非常丰富的阐述。因此，本书关于数字音频艺术的研究始终围绕中外艺术发展史、中外美学史两条纵向的发展主线，对照不同时期声音艺术的表现形态有针对性地进行分析。在现代数字音频艺术阶段，重点结合现代西方艺术理论以及后现代西方艺术理论中关于声音艺术的研究成果，着眼于新的多媒体声音艺术、声音装置艺术、AI生成声音艺术的研究趋势，形成我对数字音频艺术体系的理解。本书尽量对目前存在的数字音频类型进行全面论述，我认为数字音频艺术作为一种现代艺术理论指导下的声音类型已经客观存在，而且还在不断丰富和发展，未来有可能形成与视觉艺术相提并论的艺术体系，并通过与生活、环境的互动和关联，形成自身的文化体系，进而逐步发展成为研究的显学，对此，我感到很乐观。

三、数字音频艺术的时代是否到来

随着技术的更新，当下学界对数字音频艺术越发关注，但属于数字音频艺术的时代是否已经到来，目前还不宜下论断。移动互联网的一个重要特点就是内容的快速生产和易于复制，技术的进步让艺术创作变得比以往容易，特别是AI生成技术，让人人都可以成为艺术家；艺术从庙堂走向大众，从少数人的垄断到成为多数人的精神追求，这是互联网时代艺术的共性，如果单纯从审美的角度、从精神愉悦的层面来看，今天，我们周围遍布各种艺术形态的内容，例如街头Led显示屏播放的视频、车载音箱播放的音乐等，优美的色彩、动人的旋律，美变得更加容易获取和享受。数字音频领域也是如此，从各种音频设备，到苹果公司推出的VisionPro头显设备，科技让艺术离我们更近，作为内容的数字音频艺术似乎无处不在。然而，通过这些电子设备播放的声音能不能代表数字音频艺术？这是一个值得思考的问题。如果能，那么数字音频艺术应该以大众娱乐为主要对象，满足大众日常生活审美需求。否则，数字音频艺术就应该还有更为丰富的艺术表现形态，能够提供给大众除日常审美消费外的更深层的精神愉悦。从现代艺术发展的角度来看，声音装置艺术、全景声声响系统、沉浸式声音体验等也在各类艺术展馆、电影播放厅等场所出现，为欣赏者提供了更为丰富的审美体验。一种艺术类型的出现，其标志应该是具备一定的指标性体系，包括社会接受程度、技术创新程度、市场规模以及艺术批评和学术研究水准等。例如，20 世纪初电影艺术时代的到来，从社会接受程度来说，电影的逐步普及让更多的人开始接受这种新的艺术类型，并保持着极大的热情。在技术创新上，电影艺术的发展经历了从最初的短片到后来的长片、从无声到有声、从黑白到彩色、从胶片转向数字的过程。在电影技术带动下，这一新的艺术形态在欧美、亚洲等世界各地都迅速兴起，影片的制作和发行都快速扩张，电影产业迅速兴起，市场规模不断扩大，而关于电影艺术的理论研究也同步兴起，“蒙太奇”“长镜头”“作家电影”等各类电影艺术理论不断涌现，电影艺术批评话语体系被迅速建构。从历史发展的维度来看，摄影艺术、电视艺术、电视剧艺术等作为一种艺术类型从形成到具有广泛影响力的过程也大都与电影艺术时代相似。从这些指标体系来看，今天的数字音频艺术尽管在市场规模、受众群体以及技术创新等领域都有着很好的基础，但是艺术语言体系尚未被建构起来，特别是艺术批评体系、艺术批评队伍以及相对应的学术研究还很缺乏。因此，现在说数字音频艺术时代已经到来可能还有些底气不足，这个领域还需要更多艺术家的参与，需要更多艺术批评成果的涌现，需要更多艺术批评流派的兴起。作为一个数字音频艺术研究者，我希望自己可以在推动数字音频艺术时代兴起中发挥一点光和热。

第一部分 数字音频艺术的基本体系

绪 论

数字音频是采用数字化手段对声音信息进行记录、编辑、传播的，随着数字信号处理技术、计算机技术、多媒体技术的发展而形成的一种全新的声音处理手段。它起源于20世纪中期，由于存储方便，成本低，声音不失真，声音的数字化形态越来越受到关注。在声音采样技术和电脑编辑技术的支持下，数字音频的声音还原度越来越高，达到了传统模拟声音的效果，并且还具备加工和传播便捷等优势，让声音的采集、加工和传输等变得更加容易，技术手段让声音从模拟变成了数字信号，进而推动数字音频时代的到来。在数字音频技术的支持下，大量传统声音艺术也开始采用数字化手段，以数字化方式呈现，进而推动了数字音频艺术时代的到来。

尽管数字音频创意产业发展迅速，然而国内外对该领域研究的专门性著作还不多。中国传媒大学孟伟教授在2015年出版的《互联网+时代音频媒体产业重构原理》是为数不多从产业角度来系统分析当时数字音频创意产业的著作；此外，王求先生2014年出版的《移动互联网时代的广播发展研究》也是围绕数字音频这一重要载体的特征进行产业化研究的专门性成果。除此之外，学术界涉及的音频研究大多数停留于技术层面，主要是数字音频的编辑与制作等；而关于数字音频创意产业的发展和特征等的研究更多存在于一些研究机构出版的研究报告和定期发行的刊物中，例如，中国广视索福瑞媒介研究（CSM）定期出版的《广播收听率》电子杂志主要是介绍和分析广播及互联网音频广播产业的发展动态，艾瑞咨询推出的《2016 中国在线音频行业研究报告》、宇博智业推出的

《2018—2023中国网络音频产品行业市场深度分析及投资战略研究报告》、华经产业研究院推出的《2024—2030年中国在线音频行业市场深度研究及投资战略规划报告》等都是从行业发展的角度分析移动互联网时代的音频市场发展问题。在中国古代，虽然没有数字音频的提法，但是也有一些著作以声音为审美对象进行论述，如中国最早的音乐理论书籍《乐记》中就有较为系统的对音乐审美特征、传播特征等的表述，阐明了声音在人的道德教化方面的社会功用；魏晋时期嵇康的《声无哀乐论》则从声音的客观性角度阐述了声音具有独特的审美属性。此后，围绕声音艺术的研究一直延续到当代，特别是将声音与现有的电影、戏剧等综合性艺术形态相结合进行研究的成果较多，声音作为综合性艺术的一个重要构成部分得到了重视。

在国外，数字音频艺术研究主要集中于声音艺术的研究，特别是声音装置、声音景观、音响技术等方面的研究文献众多。例如，法国艺术家伯恩哈德·莱特纳（Bernhard Leitner）对介于声音、空间以及身体之间的关系进行了探索。意大利画家路易吉·鲁索洛将噪音融入当代艺术主义，并于1913年发表《噪音的艺术》，声称城市工业化声景的进化必须和新型音乐关联起来；约翰·凯奇发明水锣，将铜锣放进水里以改变声音，研究声音的视觉性特征。国外现有的声音艺术的研究者主要是一些传统艺术家，研究者们通过探索声音与绘画、声音与建筑、声音与现代装置的结合等，探讨声音表现的多种可能性和时代意义。

一直以来，声音艺术的审美研究多局限于音乐或者作为其他综合性艺术的一个组成部分的层面，缺少独立的研究方式和话语体系。而随着数字音频技术的不断发展，数字音频艺术呈现出许多新的特征，逐步脱离了传统的声音艺术理论体系，数字音频艺术中的拼贴、拟声等手段也呈现出现代艺术的特征。此外，一些声音装置艺术的出现，用声光电等手段将声音可视化，这些新现象的出现都需要我们针对数字音频艺术展开独立的研究，建构独立的话语体系。同时，作为传播方式中最直接、受众到达最便捷的数字音频艺术，它发挥着向普通大众传播时代主旋律声音的功能，因此，围绕“服务人民是文学艺术的初心”这一时代命题，建构当代的数字音频艺术话语体系对新媒体时代的文艺体系建构具有重要意义。

本书以基于数字技术支持的声音艺术为研究对象，主要包括经过数字技术转化的音乐音响类、人声表现类及声音特效类作品，围绕数字化的声音艺术作品开展审美体系研究，梳理数字音频艺术的独特创作方式、审美方式、传播方式，分析当下数字音频艺术的审美接受心理和反馈机制，以期建立一套适用于今天数字音频艺术的研究方法，最终形成数字音频艺术的审美研究体系。

本书分为四个部分，第一部分：数字音频艺术的基本体系，第二部分：数字音频艺术的多样化形态，第三部分：数字音频艺术的审美教育，第四部分：数字音频艺术的产业化。第一部分重点从两个维度展开，即研究数字音频艺术的方法和对象体系，来理解当下广播文艺的美学体系。通过这一部分研究，重点解决数字音频艺术的研究对象问题，作为传统的数字音频艺术类型的广播文艺的审美研究问题，形成关于理解数字音频艺术这一类型的基本话语。第二部分主要从声音装置艺术、广播文艺、广播剧等三个具有代表性的数字音频类型的美学内涵展开，分析展览馆式艺术的数字音频艺术与生活化的数字音频艺术两大类型的构成体系，结合大众文化审美来理解数字音频具有的独特审美特性，为后续审美教育的开展以及数字音频艺术产业化发展研究做好准备。第三部分主要围绕数字音频艺术的审美教育展开。这一部分先从宏观上分析数字音频艺术的审美教育功能，再分别从电视动画声音设计、电视剧人物语言研究等角度切入，探索两种具有代表性的影视艺术中声音的审美功能。第四部分分别对数字音频艺术领域的几个类型即广播、影视动漫、有声读物、配音、游戏等进行了探索。结合新技术变革，结合产业发展的需求力，分析数字音频艺术当下的发展趋势和产业化形态，进而尝试规划未来数字艺术的产业蓝图。

围绕数字音频艺术这一核心内容，本书试图在影视艺术研究的大框架下，形成关于数字音频艺术审美的研究体系，勾勒数字音频艺术审美的知识图谱，在横向上，形成数字音频艺术的审美类型体系，在纵向上，厘清数字音频艺术不同发展阶段的审美转变，在深度上，构建数字音频艺术创作、传播与接受的研究体系，在外延上，建立数字音频艺术与视觉艺术的关联以及与对应的文化产业之间的联系。

本书编写的基本思路与方法是，从数字音频艺术当下的类型出发，从数字音乐、有声读物、广播剧、影视配音等对象入手，梳理当下数字音频艺术类型的基本结构，开展数字音频艺术的类型化研究；依托所构建的数字音频艺术类型，分析不同类型数字音频艺术的生产、传播机制，研究不同类型的数字音频艺术与视觉艺术的关系以及在创作中相互依存的问题；

最后一个部分，也即本书的落脚点，将主要在经典审美、现代主义审美与后现代主义审美视野下分析和研究数字音频艺术的审美话语体系。

关于数字音频艺术的研究，本书将以声音发展历史为逻辑起点，介绍声音研究的相关历史资料和观点，在此基础上开展现代数字音频艺术的研究，尽可能梳理出从声音研究到数字音频研究的历史脉络。此外，本书将围绕研究对象进行针对性研究分析，特别是对不同的数字音频艺术类型以及不同时期具有代表性的音频作品进行分析，总结出数字音频艺术的创作和传播规律，厘清数字音频艺术发展的基本脉络，进而构建本书的基本指标体系。

本书在撰写中注重两个方面的内容：

第一，从宏观上梳理数字音频艺术发展的谱系，形成数字音频艺术研究的基本结构，进而夯实数字音频艺术审美话语研究的基础。这一部分将涉及数字音频艺术发展的纵向脉络图谱、数字音频艺术不同表现形态的横向脉络图谱。

第二，对数字音频艺术创作与传播的时代性研究。声音艺术，其具有独特的审美创作和传播方式，在不同的时代，“声音传播”与“思想传播”“观念传播”等又有着非常密切的联系，因此，厘清时代背景与数字音频艺术创作和传播的关系、时代发展与数字音频艺术体系构建的关系至关重要。

在撰写本书的过程中，本人也遇到了以下问题：

（1）从历史的发展脉络来看，学者们在视听文化研究中对听觉艺术的研究总体偏少，主要是由于听觉艺术大多数时候与视觉艺术一起呈现，听觉艺术只有在作为辅助力量时才更多地受到重视，这在客观上造成现有的数字音频艺术研究中成系统、高质量、具有引领性的成果不足。而且，一直以来，在日常审美研究的领域，对视觉艺术的关注度也远远高于听觉艺术，这些都使本书的研究面临一个问题，即如何从构建独立话语体系的角度，对目前分散的听觉艺术研究观点和成果进行分析、归纳和提升，形成听觉艺术自身的话语体系。

（2）团队成员学科背景中，工科出身的成员明显不足。数字音频艺术的一个重要特征是技术变革引发了信息存储与传输方式的变革，进而催生了数字音频艺术的发展与变革，对这个问题的深入研究就必然涉及数字音频技术领域的研究，特别是声音传播环境、传播接受效果等实验性数据的采集，显然这需要工科思维和工科知识体系作为前提条件，这就要求团队主动引进工科出身的成员，开展技术拓展性分析。

通过对数字音频艺术及其产业化发展的梳理，本书认为，数字音频艺术在创作、传播与接受方面具有独特个性，受数字音频技术、视听传播载体、文化产业发展状况等影响，其审美属性具有“非显性、融合性”等特征。本书通过分析数字音频艺术发展史、数字音频艺术类型的演变等，归纳出数字音频艺术的审美属性。数字音频艺术常常与其他艺术类型融合在一起，为其他艺术类型的发展助力，代表性的如影视剧台词和动画配音等，因此，分析数字音频艺术的审美不能脱离它存在的载体和环境。

此外，本书提出了一个重要观点，即数字音频艺术具有典型的时代特征，不仅与新媒体时代艺术创作中的文艺精神紧密相连，属于人民艺术、日常生活艺术的大范畴，而且能彰显艺术与大众、艺术与生活的内在关联，是新媒体时代艺术传播的重要类型。数字音频艺术的创作与传播是以声音传播为特征的，因传播的便捷性、时空的自由性等特点而被广泛使用，进而也成为对大众日常生活影响最为广泛的、融入日常生活最深的艺术形态，是真正的人民的艺术。进入数字音频时代之后，其创作、传播方式等发生了变革，但其固有的日常生活艺术的属性并未改变。而且，新媒体时代的数字音频艺术与听众之间是一种新兴的审美关系，数字音频艺术延续了传统声音艺术的审美特征与功能。同时，对新媒体时代的青年群体而言，数字音频因为其碎片化、伴随性、强黏性等特征，又成为这一群体乐于接受和参与的艺术类型。

第一章　确立数字音频艺术研究的谱系

声音作为一种独立的媒介形式，与视觉图像一起构成了人类生活的图景。20 世纪 90 年代以来，当视觉文化已经成为文化研究显学时，声音文化的独立性研究却远远不够，特别是新媒体时代出现的以数字技术为特征的数字音频艺术缺少足够的理论研究支持，数字音频艺术研究的话语体系亟待建构。相较于传统的声音艺术类型，数字音频艺术是在新技术条件下发展起来的，是具有互联网时代特征的新兴门类艺术，数字音频存储容量大、便于编辑和特效制作、传输效率高，具有可扩展性，成本低，在传播和接受的时候体现出交互性，其范围涵盖了当下以听觉为审美对象的众多声音媒介。除了技术性和交互特征外，其多样性则体现在对传统声音艺术的兼容和对新兴声音艺术形态的拓展上。对新兴的数字音频艺术的研究，需要从审美对象、存储与传输特性、生产和传播机制、审美特征、审美接受、审美情感体验等维度来进行。

一、数字音频艺术的审美对象体系

从审美对象的角度而言，数字音频艺术的内容体系覆盖了传统的听觉性内容，如音乐、歌剧、评书等，也包括新兴网络技术所支持的声音艺术形态，如网络电子音乐、配音秀、AI 音乐等。从内容体系进行划分，可以将现有的数字音频艺术划分为两大类型，第一种类型是简单媒介审美声音艺术，它主要由音乐艺术、音响艺术和语音艺术三个类型构成。其中又以音乐艺术的种类最为丰富，分为传统音乐、MIDI（Musical Instrument Digital Interface，简称 MIDI，它是一种电子乐器之间以及电子乐器与电脑之间的统一交流协议）音乐艺术及实验性音乐艺术等；音响艺术分为自然类音响艺术及人工合成类（拟声类）音响艺术，如彩铃等；语音艺术主要包括人声表演艺术，如朗诵、评书、口技等，电子合成人声艺术以及人声拟声艺术等。简单媒介审美声音艺术是数字音频艺术最重要的类型，它的审美属性较为简单，以单一的音乐、音响或语音审美为主体，主要诉诸人的听觉审美活动。第二种类型是多媒介审美声音艺术，这一类型主要包括音频戏剧、语音合成秀及多媒体音乐作品等。其中，音频戏剧主要有歌剧、广播剧等，语音合成秀如网络配音秀、动漫配音秀等；多媒体音乐作品包括 MV、多媒体音乐秀等。这一类型的声音作品从量上要远少于前一种类型，其审美活动既诉诸人的听觉，也需要视觉审美活动的参与，是一种以声音审美为主体的综合性视听审美活动。图 1.1 为数字音频艺术审美对象体系的构成。

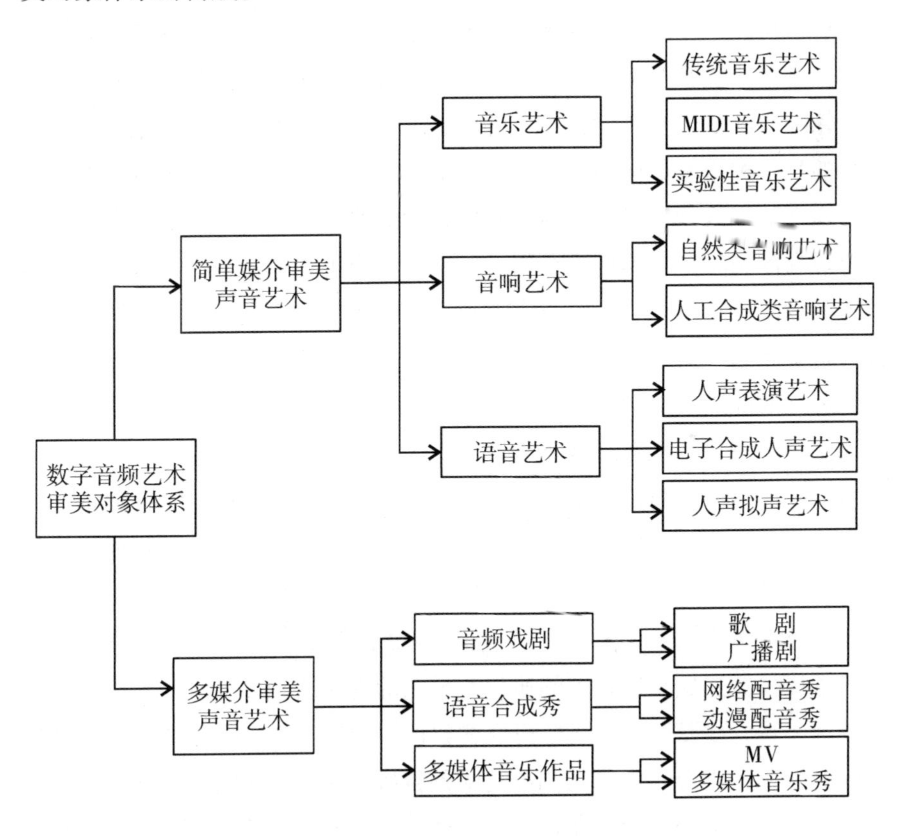

图 1.1　数字音频艺术审美对象体系的构成

相较于传统的声音艺术，数字音频艺术并不是对前者的单纯扩容，而是将新兴的声音艺术类型与传统声音艺术结合在一起，形成新的审美对象体系，可谓是一种升级。数字音频艺术是对传统声音艺术范畴发展的迭代式进步，它以新的美学思想来界定和梳理当下的审美对象。其迭代式特点表现在以下两个方面。

（一）从“元声音”对象研究向“复合化”或“无元化”对象研究的转化

在传统声音美学体系中，无论是占据主要地位的音乐艺术研究，还是语音美学研究等，这些研究的对象都是指向声音源本身；从听觉审美的对象的研究角度来看，传统声音美学研究的对象更具“原生态”特性；这里的“原生态”声音是指未经过后期技术性处理的声音，包括器乐演奏的声音、自然万物的声响以及人的语音信息等，听众在接受审美对象的时候，是直接接收音源发出的声音，与声音源处在同一时空，是一种当下的审美体验。虽然也有“孔子在齐闻《韶》、三月不知肉滋味”之说，但这更多的是一种审美记忆的唤起，只是审美主体的审美想象。

而在数字音频生产和传播的时代，听众接收到的声音信息并不一定与声音源在同一时空，即使是在同一时空，听众也往往要借助第三方声音设备，如放大器、音箱等接收声音，这些声音由模拟信号转换成数字信号，并经过音频编译器进行编译，甚至会通过一些技术化处理如混音、降噪、压限等，改变原有声音的一些信息，因此，听众收听到的并非原声，而是被加工过的声音。特别是新兴的 AI 技术的应用，可以通过数据学习来完成所需要的声音信息的制作和传播，生成所需要的各种类型的声音。此外，在现代技术的支持下，借助一些电子编曲器，创作者可以不依赖传统音源而模拟出各类电子音乐，如 MIDI 音乐等，它也属于图 1.1 所列的简单媒介审美声音技术，算不上“迭代”，那么图中的内容是表达简单媒介——多媒体的迭代，还是别的迭代？早期的音乐理论产生时，这些声音样式尚未出现，故而留下了一些研究的空白。而围绕数字音频艺术来展开当下纷繁复杂的声音艺术研究，首先就是将研究对象由声音源的单一审美研究转向审美对象的多元研究。在数字音频审美研究体系中，审美对象研究既包括原声音信息研究，也包括技术手段等媒介特征研究，甚至还需要介入接受环境等的研究，进而分析声音的审美活动。

（二）从单纯听觉艺术研究向多媒介属性研究转变

传统声音艺术的类型体系主要是指听觉艺术，这是由于这种艺术类型的形态较为简单。然而，随着数字技术的发展，许多新兴艺术形态打破了传统的艺术类型，具有跨界性和多媒体特征，很难用传统的艺术分类体系归类。在声音艺术中，MV、彩铃、配音秀、多媒体音乐演奏等形式的艺术作品，其审美核心仍然是以节奏和韵律为主体的听觉艺术，但当受众接受时，不仅诉诸听觉感受，而且需要其他感觉器官的介入。如 MV 艺术的碎片性画面和跳跃性剪辑对音乐作品就具有辅助表意的功能，这些新的艺术形态形成了新兴的数字音频艺术，一些跨界性、拼贴性的声音作品因此被纳入数字音频艺术体系中。即使是在音乐领域，新兴的现代音乐也突破了传统声音艺术的局限，呈现出表演性、游戏性的特征。这些新的声音形式都在不断拓展传统声音艺术的边界，也改变了原有的艺术创作主体与受众的审美关系，边界的突破带来了更多样化的听觉艺术类型，同时逐步形成了丰富的数字音频艺术体系。

二、数字音频艺术的存储与传输特性

从技术发展的脉络来看，数字音频艺术的发展和体系化的形成得益于音频存储及传输技术的发展。在人类视听艺术发展的过程中，人们很早就开始用绘画或雕塑的形式来存储视觉形象，无论是在竹简上留下的文字，还是绢布、纸张上的画作，以及石头上的雕刻，这些存储介质的存在使得视觉艺术较为完整地得以保存和传播，历经千年而未消失，特别是印刷、摄影等复制技术的发展，让视觉形象在保存与传输上更加便捷，并得以规模化传播。本雅明在《机械复制时代的艺术作品》中指出技术对艺术生产的重要性，同时，新技术的采用也会造成传统艺术的逐渐衰微，形成围绕新技术手段展开的艺术类型。他在阐述照相技术对传统绘画的影响时提道："照相复制比手工复制能够更加独立于原作。比方在照相术里，用照相版影印的复制能够展现出那些肉眼无法捕捉，却能由镜头一览无余的方面，因为镜头可以自由地调节并选择角度。”①

然而，声音信息的存储与传输要难得多。自古以来，人们一直在寻找合适的介质来记录声音信息。早期，人们通过口口相传的形式来进行声音信息的记录和传播。后来，为了记录音乐信息，人们发明了乐谱。中国以“宫商角徵羽”五音来记谱，西方则用五线谱等形式来记录声音信息。这一类记录方式都是以抽象的文字符号形式记录声音，而非记录声音原本的形态，它需要懂音乐的人通过识谱的形式来演奏，还原出乐曲最初的审美形态。而演奏者的技艺差异、演奏者的器乐差异都会影响音乐形态的还原度。因此，长久以来，声音信息的存储都缺乏独立的、适用的介质。直到1877年爱迪生发明留声机，人类才真正有了声音的储存装置，此后，从黑胶盘片到磁带、CD，人类逐渐解决了声音的高保真存储的问题。而在声音存储设备出现的100多年里，存储的方式逐步从模拟信号的记录发展为数字化的存储。1974年初，索尼第一台PCM（脉冲编码调制）录音机“X-12DTG”问世，从而拉开了索尼数字声音时代的历史帷幕。1976年春天，索尼研发小组展示了一张直径30厘米、能存储13小时20分钟数字音乐的“唱片”，成为世界上第一张“数字音频唱片”。

1982年8月17日，荷兰飞利浦唱片公司（Philips）位于德国汉诺威（Hannover）的工厂生产出第一张CD，开启了数字音乐时代。得益于此，各种音频的播放设备也到了快速发展，从早期笨重、昂贵的留声机，发展到了便携、低成本的MP3播放器、CD机、iPad等，人们对原汁原味的声音的获取变得更加容易。在声音存储介质发展的过程中，CD的发明有着里程碑式的意义，它第一次将声音信息真正以数字化方式进行存储，从而实现了声音的便捷、高保真存储。而随着互联网时代的到来，数字音频在存储与传输上的发展更加迅速，存储的介质从实体走向了数字化，云存储将存储从具体形态转向了数字化形态。从声音信息存储介质的发展历史来看，人类经历了“无存储介质—模拟信号存储—数字信号存储”三个阶段。而随着存储技术的发展，人类也实现了声音艺术的大规模复制和批量化生产，进而将声音艺术转化成人们日常生活审美的一部分，特别是数字

① ［德］瓦尔特·本雅明：《机械复制时代的艺术作品》，见汉娜·阿伦特编《启迪：本雅明文选》，张旭东、王斑译，生活·读书·新知三联书店2008年版，第235页。

存储技术的出现，真正推动了大规模生产的数字音频艺术时代的到来，各种类型的数字音频存储和录制设备的出现推动了数字音频艺术本身的繁荣。

在声音的传输形式上，以往受存储介质的制约，人类最早的声音传输只能借助于现场空气震动来实现。人类声音的传输历史发展至今可以简化为口口相传时代—广播化传输时代—网络传输时代；借助于电波、电话线直到今天的网线和无线网络装置等，声音的传输越来越便捷，传输的效率、保真度越来越高。存储和传输技术的快速发展加快了数字音频艺术的革命性发展，它主要体现在以下四个方面。一是大众获取数字音频艺术的成本大幅度降低，特别是在互联网和移动互联网技术的推动下，大众获取数字音频艺术审美的成本趋近于零，这极大地巩固了数字音频艺术的受众基础。二是数字音频艺术的传输周期大幅度缩短，在无线电和网络技术的支持下，数字音频艺术作品的全球同步首发不再困难，大众可以做到同步收听、同步参与，全球范围内共享同一种音频艺术，“零距离、零时差”体验成为当下数字音频艺术发展的重要特性。三是传输宽带技术发展使数字音频艺术传输成为可能。在传输渠道上，光纤传输技术，4G、5G 高速移动网络实现了音视频的同步传输，催生了许多新兴数字音频艺术类型，包括网络 MV、自媒体声音秀等。四是传输双向互动性技术带来了音频艺术的新体验，普通大众不再是简单的接收终端，其收听设备中本身具有媒体内容的生产和发布功能，如在手机终端音频类 App 的互动功能模式的支持下，听众可以完成对收听信息的筛选、评论、推荐或者进行二次加工，这些都促进了数字音频艺术类型的快速发展。海量化、规模化存储成为现实，在存储技术高速发展的支持下，现在的数字音频存储已经达到了过去难以企及的规模，只要借助一个终端设备，借助有线或无线宽带技术，大众就可以轻松地完成音频作品的任意抓取，即时地收听。

三、数字音频艺术的生产和传播机制

与以音乐为主的传统声音艺术时代相比，数字音频艺术时代的革命性发展还在于生产和传播机制的变革。音频的数字化存储与传输使得数字音频艺术内容得到了快速增长，逐渐具备了产业化的基础。同样，新媒体时代的生产和传播机制也促成了数字音频艺术的新的大众化审美时代的到来。以下对此做具体分析。

不同于传统声音艺术的生产，数字音频艺术时代的生产模式有以下两个方面的特点。

首先，从生产的目的来说，数字音频艺术时代，声音内容生产已经突破了传统声音艺术的不足，特别在音乐艺术的创作方面更加丰富多样。《管子·牧民》中说："仓廪实而知礼节，衣食足而知荣辱。"[①] 在生产力还不发达的社会，人们对音乐等声音艺术的需求并不强烈，也只有贵族或者少数富裕阶层才有机会学习，而且还需要经过较为系统的训练。在中国古代，音乐更多地与政治管理相联系，是统治阶层管理社会的一种手段。《周礼·保氏》中记载："养国子以道，乃教之六艺，一曰五礼，二曰六乐，三曰五射，四曰五御，五曰六书，六曰九数。"[②] 古希腊人也将音乐看成身份和教养的象征。古希腊哲学家柏拉图在《理想国》中提出："音乐教育除了非常注重道德和社会目的以外，必须把美的东西作为自己的目的来探究，把人教育成美和善的。"[③] 音乐是完善人的教育的重要手段，是国民的必修课。就传统声音艺术而言，音乐艺术的创作是有门槛的，是需要经过较为系统的训练和学习才能完成的。当下飞速发展的数字音频艺术创作，除了保留原有的声音艺术具有的功能外，新的娱乐性需求、游戏性需求、个体表达需求等也成为创作者们进行创作的多方面原因。事实上，在互联网、移动互联网平台发布的大多数音频艺术作品都带有明显的自媒体特性，如配音秀、网络音频合成作品等。

其次，在当下数字音频艺术生产的新模式下，创作主体也发生了很大的变化。创作者们借助音频软件的支持以及第三方 App 进行创作，声音艺术的创作门槛降低，从事声音艺术生产创作的人不再仅仅是专业的乐师，普通大众也可以进入声音艺术的生产创作中来，创作主体从少数人转向了普通大众，这就带来了数字音频艺术内容规模的迅速扩大。在移动互联网构建的超级社区中，每一个终端用户都有机会生产出供人欣赏的数字

---

① 管仲：《管子》，广陵书社 2023 年版，第 1 页。

② 吕友仁译注：《周礼译注》，中州古籍出版社 2004 年版，第 174 页。

③ 转引自何乾三编：《西方哲学家、文学家、音乐家论音乐（从古希腊罗马时期至十九世纪）》，人民音乐出版社 1983 年版，第 10 页。

音频作品，一些热门的音乐App用便捷化的方式大量生产数字音频内容。以中国数字音乐市场为例，从2013年以来，在移动互联网技术的推动下，大量音乐App出现，推动了数字音乐市场规模快速发展，从2013年到2022年之间，包括在线音乐、短视频、音乐直播等中国数字音乐的市场总规模，从440亿增长到1554.9亿。[①] 同时期，中国电子有声读物市场规模的增速更为显著，iiMedia Research（艾媒咨询）数据显示，2016年中国有声书行业市场规模为23.7亿元，历经3年高速发展，2019年达到63.6亿元，持续增速高于30%。2018年，市场规模达到了45.4亿元，复合增长率达到了12.1%，被誉为数字音频市场发展的蓝海。国际唱片业协会（IFPI）发布显示，2023年中国音乐市场收入增长25.9%，是亚洲地区增长最快的市场。根据中国音像与数字出版协会的测算，2023中国数字音乐市场规模约为1849.25亿元。[②] 此外，创作主体的群体已经从专业创作者发展为专业、业余两个群体并存，而且业余创作的群体更具活力，产生的数字音频作品也更多。

在传播方式上，与传统的声音艺术剧场式的收听方式相比，新的数字音频艺术传播具有靶向性、选择性和交互性的特性。数字音频艺术的靶向性体现为传播方向具有针对性，特别是在云存储及大数据技术的支持下，数字音频艺术可以向特定受众发送，受众也有更多选择空间。在互联网平台的信息共享模式下，任何用户的访问记录、使用习惯、行为模式等都会以关键词的形式进入数据库，传播平台会借助大数据分析实现精准化个性传播，向用户提供个性化的音频内容。同样，在互联网交互平台支持下，除传统的声音艺术收听环境之外，新兴的声音收听模式会在互联网平台上形成差异。借助搜索等方式，作为声音内容的受众（听众）更具主动性，传统的听众模式转向了用户模式，用户获得了对内容的选择权和评价权。借助社交平台、留言区、评论区等渠道，用户可以通过对收听作品进行评价，从而形成一个网络评论的结点，用户之间借助评论联系在一起，进而形成一个关于作品的讨论社区，听众、意见领袖、专业人士等在一起交

---

① 徐语杨：《我国数字音乐市场十年翻了两番，用户总规模8.48亿》，封面新闻，https://www.thecover.cn/news/jqMwnIsMRaqH90qSdq8Jkw==。

② 《中国有声书市场规模将达95亿元　中文在线双轮驱动打造有声精品》，https://finance.ifeng.com/c/82oS9IC0mVC。

流，赏析、吐槽、反思等多层叠加，这些也会反过来影响听众的收听态度和情感体验，同时，网络平台抓取这些新的信息并反馈给内容发送方，以推动传播主体在之后的创作中做出改变。

总之，借助于数字技术的推动，数字音频艺术体系逐渐形成。正如上文所说，新体系并不只是简单地继承和发展了传统的声音艺术体系，它还是一种变革，是一次迭代式的发展，并且围绕新的数字音频艺术内容形成了不同于以往的审美研究体系。

第二章　理解与掌握全媒体时代广播文艺的三个维度

2008 年之后，“全媒体”这一概念开始在各类文章中频繁出现，对全媒体各层面、各角度的研究探讨也越来越丰富。根据学者罗鑫的观点，“全媒体”概念在国外提出是在 1999 年，“1999 年 10 月 19 日，玛莎－斯图尔特生活全媒体公司成立。公司拥有并管理多种媒体，包括 4 种核心杂志、34 种书籍、一档荣获艾美奖的艺术电视节目、一档在 CBS 电视台播出的电视周刊节目 *This Morning*”[①]。此外，公司还拥有一家报纸的专栏、一个电台节目和一个有着 17 万注册用户的网站，是一家名副其实的全媒体企业。“全媒体”这一概念在国内出现要稍晚些，学者姚君喜认为是在 2006 年《国家“十一五”时期文化发展纲要》中首先明确的，而全媒体的真正实践发展则是在 2007 年之后，以烟台日报传媒集团的成立为标志。目前，对全媒体时代的理解主要包括这样几个层面：①技术层面，指以数字存储技术为特征的新兴的媒体内容；②传播层面，指以报纸、广播电视、网络及移动终端整合传播为特征的新兴传播方式；③运营层面，指以整合营销为起点的媒体联动推广，线上线下，文、音、画、光、电、数字等多角度综合推广，实现对客户的复合满足。尽管对“全媒体”的理解还不统一，但是全媒体作为一种新的媒体形态描述、作为媒体的新形态实践，业已产生，全媒体时代也已经到来。

全媒体时代的兴起带来了新型的媒体环境，也在改变着传统媒体固有的创作方式和接受方式。而在这轮改变中，传统媒体正经受着新媒体环境的冲击，而受到最直接冲击的就是传播形态单一的媒体形式，如广播媒体。从创作角度来看，单一的广播媒体机构制作的格局被打破，许多广播爱好者和准专业人士借助互联网开始创办广播文艺节目制作与广播内容推广站。先进的技术降低了广播节目制作的门槛，普通人也可以在家或工作

---

① 罗鑫：《什么是“全媒体”》，《中国记者》2010 年第 3 期，第 82 页。

室完成广播节目的生产制作；从接受方式来看，车载收听、移动终端收听、互联网终端收听等可供受众选择的方式越来越多，而传统广播赖以生存的转播基站价值降低，伴随式收听、主动选择甚至定制式的收听也逐渐成为新常态。

面对新的媒体生态环境，广播作为20世纪初诞生的大众媒体，正面临着多层面的变革，特别是广播文艺这一最古老的广播节目形态，从最初的对传统文艺节目的简单二度开发，转向了围绕新兴媒体生态需求的新形态、新文艺的创新。在这样的转化过程中，广播文艺一方面需要积极适应全媒体时代的技术手段、传播方式，并根据受众需求的变化进行变革，另一方面，当众多文艺样式纷纷市场化的同时，广播文艺却坚守着自己独特的文艺属性，形成了属于新时代全媒体属性的广播文艺特性。因此，需要就当下广播文艺展现出的新特征做一些研究，梳理出全媒体时代广播文艺的审美特征。

一、全媒体时代广播文艺的总体特征：分化与融合并存

央广网发布的2022年收听市场分析指出："2022年广播和音频在所有平台（包括广播直播流和点播有声内容）的平均收听时长已达114分钟，相较去年的103分钟提升10.9%；其中，收听电台直播的平均时长近55分钟，收听非电台直播的有声内容平均时长约60分钟，有明显增长。"①

赛立信媒介研究在2023年发布了《2022年全国主要省会/直辖市的文艺类视频市场浅析》。这份报告显示，在全国34个省级行政单位中，针对27个省会/直辖市做了分析，共有38套电台文艺类频率，许多省电台文艺频率超过1个，天津、合肥和乌鲁木齐等都有3个文艺类电台频率。这些地方大多有较好的文艺节目基础，如相声或其他曲艺类节目，加上一些年度性大赛的推动，使得这些地方的观众对文艺类频率的需求较

① 《2022收听市场扫描：广播+音频平均收听时长114分钟，新闻频率四连增》，https://ad.cnr.cn/hyzx/20230222/t20230222_526161535.shtml。

大。从日均收听时间来看，全国听众收听文艺类节目的时长约为 33 分钟，低于全国平均 1 小时的日均广播收听时间，这也可以看出，听众的整体收听欲望还不是很强。对全国省会/直辖市文艺广播播出的内容进行分析可以看出，文艺节目类型主要分为三类：第一类是综合性文艺娱乐广播，以音乐赏析为主，辅以其他咨询和娱乐节目；第二类是语言类文艺节目，包括小说、评书、相声等传统广播文艺节目，形式上较为单一；第三类是曲艺类文艺广播节目，这一类广播的受众人群更有针对性，大多是中老年听众和专业群体。从整个文艺类频率的市场占有和商业贡献度来分析，“综合来看，文艺类频率占全部省级/省会级电台频率总数的 11.0%，却只占了省级/省会级电台市场份额总数的 7.5%。由此可见，文艺类频率的贡献率明显偏低，对省级/省会级电台的市场份额没有正面拉动作用”①。而放眼全国市场，文艺广播频率的数量和市场占有率要更低。

央广网在 2024 年 5 月发布了一篇《2023 广播收听：重点类型扫描》的研究报告，文中总结了 2023 年全国广播不同类型频率分布的特点，其中新闻综合类、交通类和音乐类三大类型频率仍保持领先地位，整体占比超过 80%，第四到第六位的分别是都市生活类、文艺类和经济类。参见图 2.1。

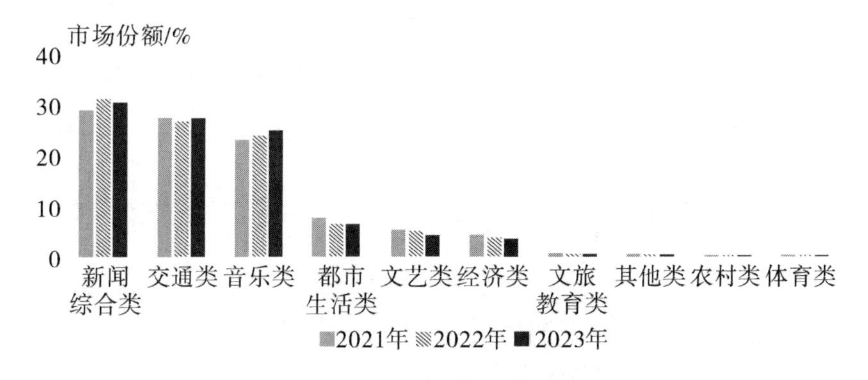

图 2.1　2023 年全国广播同类型频率分布

（资料来源：《央广广告：2023 广播收听：重点类型扫描》，https://ad.cnr.cn/hyzx/20240523/t20240523_526715336.shtml）

---

①　赛立信媒介研究：《2022 年全国主要省会/直辖市文艺类频率市场浅析》，https://zhuanlan.zhihu.com/p/501682571。

从广播收听的专业频率市场份额数据来看，当前我国广播文艺中发展最好的无疑是广播音乐节目，特别是主持人广播音乐节目，而且各地电台对音乐节目也都有进一步的细分，如江苏广播就设有“经典流行FM97.5”“音乐广播89.7”，湖南芒果广播网旗下有“湖南汽车音乐电台893”“湖南电台ok975摩登音乐台”，上海的音乐广播台包括“上海沸点100音乐广播”“上海流行音乐广播（动感101）”“上海经典947”等。从广播节目类型的市场数据来看，以文学、评书、曲艺类为代表的广播文艺节目整体出现萎缩，音乐节目从文艺类节目中独立出来进而成为听众主要的收听对象。从CSM发布的17个城市收听数据的表现来看，分析17个城市的音乐类频率在本地的竞争表现，发现共有34个音乐类频率的市场份额能进入本地收听市场的前10名。重庆地区的重庆人民广播电台音乐频率FM88.1、南京地区的江苏经典流行音乐广播FM97.5、上海地区的上海流行音乐广播动感101 FM101.7和深圳地区的深圳人民广播电台音乐广播FM97.1这4个频率在本地有着强劲的市场竞争力，单频率市场份额超过20%；江苏经典流行音乐广播FM97.5、上海流行音乐广播动感101 FM101.7和无锡广播电视台音乐广播FM91.4/AM900这3个频率在当地所有频率市场份额排名中位列第一。（如表2.1）

表2.1　2021年全国17个城市的音乐频率在当地频率市场份额排名前十位

城市	频率	所有收听场所	
		市场份额/%	排名
北京	北京音乐广播（FM97.4/CFM94.6）	6.0	5
	中央人民广播电台第三套节目《音乐之声》	3.2	8
长沙	长沙人民广播电台城市之声（音乐）广播 FM101.7	10.5	3
	湖南人民广播电台音乐之声 FM89.3	7.6	4
	长沙人民广播电台音乐广播 FM88.6	5.0	7
重庆	重庆人民广播电台音乐频率 FM88.1	30.6	2
广州	广东广播电视台音乐之声 FM99.3	7.1	6
	广州市广播电视台金曲音乐广播 FM102.7	4.1	8
杭州	动捉968音乐高频 FM96.8	8.1	5
哈尔滨	黑龙江音乐广播（锋尚958龙广音乐台）FM95.8	6.7	5

续表 2.1

城　市	频　率	所有收听场所	
		市场份额/%	排名
合　肥	安徽音乐广播 FM89.5	13.1	3
	安徽经典音乐 FM92.9	4.8	9
济　南	济南音乐广播 FM88.7	9.5	4
	山东广播电视台音乐广播 FM99.1	7.8	6
	山东广播电视台经典音乐广播 FM105	3.2	7
南　京	江苏经典流行音乐广播 FM97.5	31.3	1
	江苏音乐广播 FM89.7	6.4	4
	南京音乐广播 FM105.8	5.4	5
上　海	上海流行音乐广播动感 101FM101.7	27.0	1
	上海经典金典广播 LoveRadio 最爱调频 FM103.7	12.8	3
	上海经典音乐广播经典 947FM94.7	0.9	10
石家庄	河北广播电视台音乐广播 FM102.4	12.7	3
	石家庄广播电视台音乐广播 FM106.7	8.6	5
太　原	山西广播电视台音乐广播 FM94.0	12.8	2
	太原人民广播电台音乐频率 FM102.6	7.5	5
深　圳	深圳人民广播电台音乐广播 FM97.1	23.1	3
	深圳宝安 905FM90.5	2.3	6
乌鲁木齐	新疆人民广播电台音乐广播 FM103.9	2.4	9
武　汉	武汉广播电视台音乐广播 FM101.8	11.5	3
	湖北省广播电视总台经典音乐广播频道 FM103.8	7.9	6
	湖北省广播电视总台楚天音乐广播频道 FM105.8	4.2	8
郑　州	河南音乐广播 FM88.1/FM93.6	11.1	4
	郑州广播电视台音乐广播 FM94.4	4.8	8
无　锡	无锡广播电视台音乐广播 FM91.4/AM900	19.8	1

（资料来源：《电台工厂：2021 年音乐类广播频率收听状况大盘点》，https://mp.weixin.qq.com/s?_biz=MzA5MjM2OTYxMQ==&mid=2652448201&idx=1sn=f9690dfbb0d900ca3fe78d69ddb897ed&chksm=b83a26dbcf42b7bbd04f8c23eb32e38dcaa6412934e5745095475852fd0e5340c4752d0da99&scene=27）

在车载广播收听方式越来越普遍的情况下，听众收听音乐广播的环境也在发生变化：2021 年车上收听率较上年微升 0.18 个百分点；在家收听率微降 0.14 个百分点。通过对比 2020 年同期数据可以发现，居家收听音乐类频率仍是大部分听众的首选，但其领先优势正在不断被削弱，更多的人开始选择在开车途中收听。该研究报告显示，女性、中青年、高学历和高收入群体是音乐类频率的主要受众。

（一）分化

进入全媒体时代，与广播频率类型细分同步出现的另一个现象是广播文艺在形态上发生了巨变。这主要表现在两个方面。

一方面，传统广播文艺中的许多形态在今天已经逐步萎缩甚至消失。例如，在广播文艺发展历程中曾经创造辉煌的影视录音剪辑、广播文学节目等，在今天的广播文艺类型中所占分量很低；被封为广播文艺“王冠上的宝石”的广播剧艺术，如今在各级电台日常节目的播出量也非常有限，有的地方甚至已经消失。一些电台偶尔播出的广播剧也多是出于参加各类评奖活动的需要，即使是面向特定收听对象的广播戏曲、曲艺节目，在广播媒体频率专业化的变革中也转向了在独立的频率中播出，制作量虽然大，但是影响力却十分有限。

另一方面，广播文艺的外部形态发生了巨大的变化。传统广播文艺以专题制作模式为主，在节目形式上往往具有固定的时长、稳定的节目结构、明确的传播目标的特点；而如今的广播媒体面对的受众已经发生了巨大的变化，他们可接触的媒体形态越来越多，特别是移动媒体等新兴媒体的刺激强度越来越大、接触频率越来越高，受众的黏合度也远高于广播媒体。在这样的媒体环境中，受众自身的审美接受习惯也在发生变化，面对这种新形态，传统广播文艺主动变革，创造了许多新形态的节目样式，如微广播剧、微小说、微戏曲等。

（二）融合

在节目播出窗口细分、听众进一步分化的同时，广播文艺节目也呈现出融合的趋势，这种融合包括三个方面：一个是节目形态之间的融合，一个是主持人与节目的融合，一个是传播形态方面的融合。

1. 节目形态之间的融合程度加强

近些年，一些以主持人为中心的新形态广播文艺节目陆续出现并受到听众的欢迎，这一类节目设计改变了过去单纯的文学品读、电影剪辑、音乐赏析、戏曲学唱等形式，转而融合了许多文艺审美体验之外的内容，包括信息推送、脱口秀娱乐等，致力于营造一种轻松愉悦的氛围。广播文艺节目在内容上的创新应在坚持传统优势内容的同时优化文艺节目内容建设，要明确面向哪些受众群体提供哪些方面的节目内容。例如，浙江人民广播电台的《中国新歌榜》节目就是针对年轻群体而设计的，节目在坚持传统的音乐播放的基础上，通过贯穿创新元素、点面结合的方式将内容传递给听众，现在《中国新歌榜》已经形成了节目品牌效应，深受“80后”“90后”的喜爱。①

2. 主持人与节目之间的融合程度加强

与过去单纯通过广播文艺获取知识和审美体验的需求不同，现在，广播文艺节目的听众更多的是通过广播获得一种情感上的交流，这就使得广播文艺节目主持人在节目中作用更为凸显，主持人对文艺内容的解读、对人生情感的分享、对听众关心话题的讨论、对自我的展示等，这些文艺内容之外的部分都成为稳定节目收听率的重要手段。与之相伴而生的是文艺节目的主持人化，主持人明星化的趋势越来越明显。

3. 传播形态的融合程度加强

在广播文艺的传输形态上，全媒体时代的广播必然要主动拥抱新媒体传输平台，借助全媒体传输平台进行展示。在我国，“广播”这个词最初是指通过无线电波形式传送声音信号的媒介，但是在今天，广播向听众传输的内容远不止声音信号，通过网站、App、微博微信等手段，广播可以将视听信息全部进行传输，因此，从传播属性上来说，今天的广播应该是指以声音传播为主要特征的媒介形态。对广播文艺而言，借助网络、微博、微信这些可视化媒体形式可以向受众传送多样的视觉信号，包括主持人的形象、广播文艺稿的文字内容、文案所涉及的视觉画面信息、广播文艺的现场活动图片等，这些都让广播成了看得见的声音媒体。

---

① 梁爽：《新媒体环境下电台广播文艺节目发展与创新探究》，《西部广播影视》2023 年第 4 期，第 82 页。

二、全媒体时代广播文艺内容特征：碎片化与综合性相统一

（一）碎片化

就传统广播文艺而言，在创作和接受上，全媒体时代的文艺一个显著特征就是碎片化。这种碎片化首先表现为内容的精致、小巧，很多作品采用“微”的形式，如微广播剧、微小说、微戏曲等。时长短、信息量小、结构简单是这类微作品的特征。其次，碎片化在接受层面体现出来的则是听众接受时间的碎片化。因为生活节奏的加快，注意力的分散，以及听众主动选择机会的增加，大多数时候，听众难以长时间去欣赏一个广播文艺节目，无论是开车时的车载收听、办公时的网络收听，还是晨练时的移动收听等，中断—继续是常见的收听状态，碎片化也就成为听众对广播文艺的常态化审美感受。

从当下其他的传播内容来看，碎片化也是一个常态化的特征，它不限于广播文艺的接受环境，在其他艺术领域也是如此。影视艺术中的微短剧、微纪录片等，相对于影视长片和长纪录片，这一类作品的叙事往往是由一个个独立的场景或片段构成，3 ～ 5 分钟完成一个段落，观众的观影呈现了碎片化效果。

碎片化在创作层面体现为直播形态下内容的碎片化。在当下广播文艺节目的传播领域，广播节目的直播形态使得节目整体上也呈现出碎片化的特征。一个时段内，同一个主持人的节目往往会包括资讯、赏析、互动、广告服务信息、活动推广介绍、宣传片花等内容。主持人前一分钟说的可能是一个严肃的新闻热点话题，甚至是一起严重的社会事件，而后一分钟可能被插入的娱乐广告打断，气氛突转为轻松愉悦。即使是在同一个板块内部，主持人在直播状态下所提供的信息也是碎片化的，前一分钟可能还在讨论某位歌手的作品，后一分钟就转为自己的人生体悟或八卦调侃等。前后信息之间的联系性变弱，在一个完整的时间段内，节目成为一个个碎片散落在大的时段板块中。

全媒体时代，广播文艺在表现碎片化的同时，又呈现出整体推广、整

体传播的媒体特征。这表现在两个方面：一方面是内容设计上的整体推广策略，例如内容设计时就需要加入可供后续宣传的话题等；另一方面是创作主体综合性能力的输出需求，例如对主持人个人品牌的打造等。

在全媒体时代，为了适应听众的收听需求，也为了压缩制作成本、提高经营效益、打造品牌主持人等，广播文艺节目整体转向了时段性的大板块节目。全天节目被设置成一个大的表盘，从早间行车时段广播节目热播时钟图可以看出，“仪表盘化的方式设置全天节目内容，节目表呈大时段竖向编排，‘大区块切割’的方式，以大时段的节目单员组成全天节目表，一个主持人主持 3 ～5 个小时的音乐节目，最大程度做到了用很少的人支撑起一个频率的状态”①（如图 2. 1 所示）。整个时段区间往往由一到两个主持人完成，主持人需要保持节目的整体风格的稳定和统一。

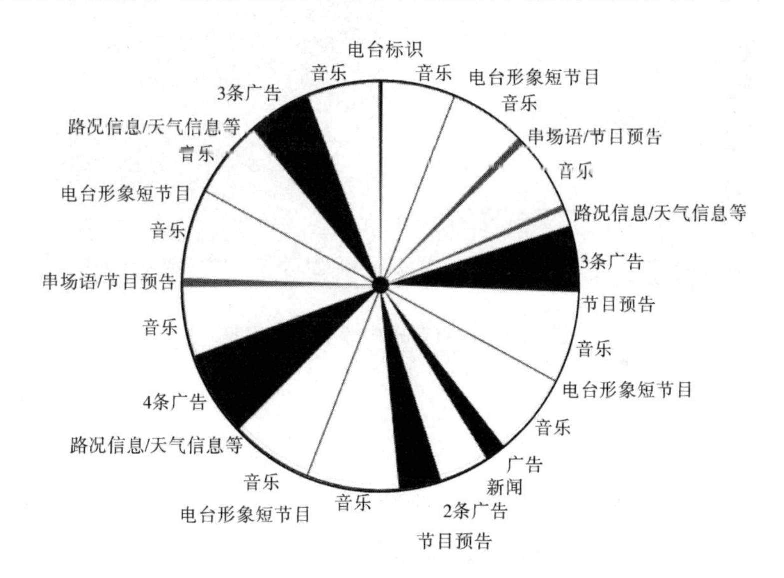

图 2. 1　早间行车时段广播节目热播时钟

以南京音乐台节目设计为例。南京音乐台下午时间段的各档节目中，14：00—15：00《悦动向前》，15：00—16：00《最炫民族风》，17：00—18：00《玮玮动听》。每个小时呈现一个板块，都是以音乐为主题内容，整体节目风格设计都围绕南京音乐台（105. 8）的经典、怀旧、知性的频

① 王贤波、叶帆编著：《广播文艺节目编辑与制作》，中山大学出版社 2015 年版，第 217 页。

率定位，在每个时段内，风格也相对完整和统一。（如图 2.2 所示）如《悦动向前》是一个集汽车养护、维修、交规普及于一体的服务性节目，主持人向前的风格成稳大气，知识面广，带有专家性主持人的特征；《最炫民族风》主打新民歌，受众定位为有闲、有钱的都市新精英群体，主持人的语言和表达风格上都呈现出知性、文艺的特点；《玮玮动听》以咨询和互动服务为主题，主持人以音乐和资讯为主体，关注微博、微信上的热门话题，强化互动交流，主持人风格呈现甜美、清新的特征。

图 2.2　南京音乐广播节目时间表

（二）综合性

与节目内容传播的碎片化相对应，对文艺广播节目主持人的能力要求越来越综合化。传统文艺广播时代，主持人业务能力的“精”“尖”特征明显，一个好的广播文艺节目需要主持人对节目内容进行准确解读，因此，以往的文艺广播主持人往往自身带有专家或准专家特质。而随着现代广播体制的建立，广播节目对主持人的要求也发生了变化，一位优秀的文艺节目主持人需要体现集采、编、播、主、经营为一体的综合能力。采、编、播的能力是传统文艺节目主持人必须具备的，主和经营则体现出现代广播，特别是文艺广播对主持人的新要求。“主”是指主持，不仅要求主持人在演播室内主持一个时段的节目，还要求主持人有能力主持户外文艺类活动、主题旅游类互动活动、听众见面等分享类活动。主持这些活动的能力高低也直接影响到广播文艺节目主持人的受欢迎程度。对听众而言，文艺节目主持人不再是“不见面”的神秘电台 DJ，而是“面对面”的朋友。“经营”是指广播文艺节目主持人需要具备市场意识，能够主动地与市场相结合，这种结合不只是与听众市场相联系、找准听众定位这么简单，而是要主动出击，寻找并经营广告市场，让自己的节目能够符合广告投放市场的需求，主持人所需要经营的内容包括主持人冠名权、节目冠名、广告厂商软植入节目内容、主持人自身品牌形象的营销和维护等，如节目粉丝群体规模的维护、微信订阅号的维护、微博账号信息的更新以及其他新媒体社交类平台的自我形象推广等。主持和经营能力的高低正越来越成为当下热门文艺广播节目主持人的衡量尺度。

三、全媒体时代广播文艺受众接受特征：浅层感受与深度参与并存

（一）浅层感受

伴随着碎片化的审美时代特征，当下大众在娱乐方式的体验上浅层化趋势明显。人们热衷于欣赏随笔式的文章，通过微博、微信等社交媒体上分享、交流，甚至对知识的学习也可以简单地通过网络搜索完成。在这样的时代背景下，广播文艺节目在内容设计上也在发生变化，其主要特征表现为不追求内容的深度，在内容主题的选择上追求潮流，形式上则体现出娱乐化。从当前在播的文艺节目内容来看，传统文艺广播中的经典解读越来越少，节目中更多的是对流行文化元素的推广介绍，采用的多是戏谑或调侃的方式。音乐类节目中对流行音乐的赏析及流行音乐人的介绍较多，如演唱会活动专题推广等，音乐专题类节目越来越少。

中央人民广播电台的《阅读和欣赏》节目于 1961 年开办，节目中“名人介绍、名篇赏析、名主播演播”的方式一度深受广大听众的欢迎，被奉为“不见面的文学老师”。然而，随着听众审美形式的丰富、获取信息渠道的增加以及收听习惯的变化，普通大众对通过广播来接受知识教育、获得审美体验等的需求逐步减弱，在收听广播文艺类节目时自身所处环境也在发生变化。当下听众很少安静地坐在收音机旁，全身心投入地收

听广播节目主持人介绍、分析文艺内容，《阅读和欣赏》这一档有着50多年历史的节目最终没能摆脱停播的命运。

从广播听众实际收听的状态来看，听众收听广播文艺节目大多伴随着其他活动，如驾车、健身、做家务甚至办公。对于广播文艺节目内容，听众更多的是需要一种陪伴，需要持续的审美体验，听众在注意力被分散的情况下，难以对广播文艺节目进行深入、复杂的理解和感受，浅尝辄止甚至单纯地欣赏感受成为听众对广播文艺内容的需求。在这样的收听需求推动下，音乐类节目成为当今广播文艺节目中的一枝独秀，许多音乐节目甚至音乐类型的频率在节目设计上都大幅度减少主持人的台词，转而增加音乐的欣赏时间，以满足听众持续的欣赏需求。

（二）深度参与

新媒体时代丰富的媒体传播渠道挤占了传统广播的传播渠道，分流了广播的受众群体，给广播的生存带来了压力，听众的审美接受方式的变化使得广播文艺遭到了更大的挑战，传统广播文艺节目迅速萎缩，生存空间日趋逼仄。然而，新媒体的发展也给传统广播带来了新的机遇，特别是在今天媒体融合的现实推动下，传统广播媒体借助新媒体手段，也找到了自身发展的新的突破口，这一点在广播文艺的发展上得到了很好的体现。微博、微信等为听众提供了参与广播的便捷渠道，它突破了传统广播的单一体验模式，可以充分调动听众的耳朵、眼睛和手的参与性，使得听众的参与程度得到了提升。不仅如此，新媒体自身还具备开放性特征，让听众之间可以进行互动分享，过去单一的“主持人—听众”的互动模式转换为现在的“听众—听众、听众—主持人”的多维度互动模式。

借助新媒体的互动手段，传统广播的“听众”这一概念已经不足以概括当下广播受众的属性特征，从群体性特征的表现来看，它更接近于“用户”这一说法。相比于听众，作为广播用户，其主动性大大增强，他不仅有自由选择收听内容的权利，还有反馈、监督的权利，甚至可以通过多种自媒体社交工具、App对一些广播内容进行二度创作。例如，朋友圈一则美文单纯地分享，加上一段精准犀利语音评论或者文字评论，会引发新的跟帖和转发，广播的传播渠道通过线下新媒体手段获得了无限延伸的可能。作为新媒体时代的广播用户，对广播文艺节目内容的深度参与反过来又推动着传统广播的转变，广播媒体不再只是担任“不见面的文学老师”的角色，它更多地需要成为一个信息源或者信息的筛选源，通过细分化的节目定位向用户提供可供深度参与和二次传播推广的信息内容，并能及时根据用户的反馈，关注到用户的兴趣点走向，调整后续的广播文艺内容设置。未来的广播文艺传播需要从向听众“传授”“传达”文化艺术向为用户提供“精准”“营养丰富”且具有文艺特色的内容服务转变。

第二部分　数字音频艺术的多样化形态

第三章　声音装置艺术的审美

声音装置艺术是在20世纪初开始出现的声音实验艺术的一种类型，其基本形态是将声音与空间装置相连接，以声音驱动装置，形成声音的可视化展现。美国声音艺术装置的探索者盖瑞·希尔在1979年展出过一个声音装置作品《冥想朝向声音的重现》，他将米粒撒在音箱上，通过麦克风，他的说话声从音箱的扩音器里发出，米粒就会随着声波一起跳动，高音低音都会使米粒产生不一样的震动，仿佛许多智慧的小生物在艺术家的语言指挥下跳集体舞，展现了声音的可视化过程。

具体来说，声音装备艺术的审美具有以下特性。

一、声音装置艺术是声音艺术的一种空间性呈现

声音艺术的传播和接受主要来自人的听觉和想象，人们通过自身天赋和专业的声音训练，完成对声音信息的解读。就最基本的物理属性而言，装置是一个三维空间的呈现，声音在三维空间中传播会经过大量的反射与漫反射，形成声音的多次叠加，最终传播到人的耳朵中，形成声音的接受。从广义来说，声音装置艺术是以声音为主要元素，通过创造性展示，实现以声音塑造空间、传递情感。而作为艺术的声音装置，除了空间本身存在的反射与回响外，它还存在着大量的艺术表现元素。苏格兰当代声音

装置艺术家苏珊·菲利普斯提出："当你在听我的声音装置的时候，你变得非常注意你所在的空间以及你自己。"[1] 通过装置，声音与三维空间形成了一种对话，进而通过空间装置完成了声音的意向性表达。奥地利艺术家莱特奈尔在巴黎拉维莱特公园创作了一个名为《声音圆柱》的公共装置艺术，作品位于公园的竹林花园处。该空间为圆柱形状的墙面，高 5 米，内径 10 米，共有 8 个穿孔混凝土构件。莱特奈尔在每个构件背后垂直安装了 33 个扬声器。声音通过两堵弧形墙之间的空隙产生共振，并通过曲面的重量和张力加以巩固。被声音吸引的路人可以经过一段长长的楼梯进入其中，与外界隔离，专注聆听。该作品本身并没有发声元器件，而是通过空间结构形成了独特的声音意象，引发进入者的审美体验和审美联想。莱特莱尔在 1977 年发表的《声音空间宣言》(*Sound Space Manifesto*)中，指出自己的每一件作品都是声音空间乐器，每一件作品都规定了声音的特定运动以及定义空间的方式。大到景观，小到某个木制的装置，他总是在尝试让欣赏者沉浸在声音空间中，打破视觉和听觉的界限。例如，他在作品《声音椅》中，将发声装置安放在椅子的不同位置，让体验者感受到声音从脚底到头部的流动。

从声音的空间表现来看，声音装置艺术的基本形态主要包括两种类型：一种是以建筑空间自身的结构形成独特的声场，进而与声音源形成反射与漫反射，达到声音的艺术性表达；另一种是借助不同的声音发生源与空间形成互动体验，既可以是传统的器乐与空间的互动，也可以是通过多个扬声器来表现声音在空间的呈现。例如，加拿大声音艺术家珍妮特·卡迪夫就曾制作了一个声音装置，名为《40 部圣经歌曲》，她预先录制了 40 位演唱者的声音，制作成 40 条独立的音轨，包括低音、男中音、男高音、中音和女高音。五种不同的声音组成一组，共有八组，扬声器水平摆放在大教堂中，在教堂中央放置了两张简易的长条座椅，体验者坐在椅子上，感受不同组和声带来的听觉体验，形成了一种与声音的对话效果。苏珊·菲利普斯曾创作了一个著名的声音装置作品《远方的低地》，作品以苏格兰民歌作为声音源，由创作者自己吟唱了三个不同版本的歌曲，并将这三个作品放置在她家乡克莱德河下的三个桥墩中央。歌曲倾诉了一个溺

---

① 《装置艺术丨用声音雕刻时间，在三维的世界肆意延展》，https://www.163.com/dy/article/FU485JRA0518Q544.html。

水而亡的男子对爱人的思念之情。艺术家独特的声音表达与歌曲演绎情境的巧妙呼应，带来了这首歌曲独特的审美体验，让欣赏者在河水的流动声、行人的脚步声、周边环境偶尔发生的噪音与歌曲声融为一体，形成了一个独特的声场环境。声音在现实空间中得到了放大和强化，其所传递出的艺术表现力在空间中也得以强化和放大。

二、声音装置艺术是一种具有互动性的声音体验

装置艺术的重要特征体现为装置除展陈外，还具备较强的交互性。装置艺术起源于20世纪初，它的出现是现代艺术在形式上的一种反叛，相对于早期的工作室、画室、画廊中的架上绘画形式，装置艺术的出现打破了传统艺术的生产形式和展陈空间。1917年法国画家马塞尔·杜尚的作品《小便池》在纽约展出，这一形式本身就具有非常强的视觉冲击力。到20世纪50—60年代，在不同空间出现的装置成为艺术新的表现手段，特别是以英国艺术家理查德·朗创作的《行动的路线》、美国艺术家罗伯特·斯密森创作的《螺旋状防波堤》等为代表的大地艺术，以及以英国艺术家巴巴拉·海普沃斯在联合国总部花园创作的《打结的手枪》、荷兰艺术家弗洛伦泰因·霍夫曼设计的《大黄鸭》为代表的城市公共艺术，这些新的艺术形式打破了传统艺术的创作空间和展陈方式，以大体量、公共性等面目呈现在观众面前，让观众在欣赏艺术作品时进入艺术作品所形成的新的空间，并展开联想和想象，进而引发观众的深度参与。

声音装置艺术的互动性体现得更为巧妙。大多数装置艺术的形态都是以建筑等几何体的形式组建而来，而声音的传播和接受属于一种空间性的展示方式，它依赖于空间的反射形成的混响，依赖于接受者和空间声源之间的位置关系，这些特性都更有利于艺术家通过装置的空间几何造型与观众产生互动，实现共鸣。例如，瑞典艺术家艾瑞克·瓦尔博（Erik Vallbo）用25块结构不同的不锈钢，组装了一个特殊的声音装置《雨鼓》，在这个作品中，不锈钢接收到的雨滴以及雨滴在装置上形成水流后的声音混合在一起，形成了一种实时创作的乐器，欣赏者在装置前可以产生不同的声音体验。瓦尔博说："雨从来不会以同样的方式落下，风也从来不会

以同样的方式携带水滴，因此大自然永远不会把同样的旋律演奏两次。”① 这个装置包括三个由聚氨酯制成的不同尺寸的类似喇叭的雕塑，随着每一个音调的响起，喇叭里就会冒出一个巨大的肥皂泡，并随着音调的变化逐渐变大，最终从喇叭上脱落，飘向展览空间。也有一些声音艺术家借用现代电子设备，与体验者形成互动，产生不同的声音审美。例如，美国艺术家赫曼（Rafael Lozano Hemmer）创作的《声音的隧道》，该装置放置于纽约曼哈顿公园大道的隧道，在隧道中，只要参观者对着对讲机发出不同的声音，声音便会转换成光照在隧道中，声音越强，光就越强。现在国内的公园、广场等许多地方也都有了类似的装置，例如南京的中国绿化博览园有一个喇叭装置，游客对着喇叭喊，面前的池塘中的一个喷泉装置就会喷出喷泉，声音越大，水喷出的高度会越高，游客通过声音感受到了互动的乐趣。

三、声音的视觉性是声音装置设计的一个重要领域

声音的创作和传播本身对应空间性和时间性的感受，人们通过耳朵来获取声音的审美意象。现代艺术家们在设计声音装置的时候，往往会有意识地通过视觉性符号来展现这类感受。就声音的感受而言，声音可以呈现出响度、音调和音色的差异。响度是人的耳朵感受到的声音强弱，它由声音源的振幅所决定，振幅越大，声音越强，反之，则越弱；音调则体现出声音的高低，由声源的振动频率决定，频率越高，音调越高，反之，则越低；音色是指人们感受到的声音品质和特色，它由发声源本身的材质和结构所决定，如人们对人声和器乐声的感受体验是不同的。在数字化的新品信息中，声音的信息会以柱状图、波浪纹以及其他类似的波形图形显示，体现出声音的变化，一些播放器、示波器等都有类似的显示功能。在声音装置艺术中，将不可见的声音视觉化是一种重要的艺术表达方式。前文介绍的库布利的作品 *Black Hole Horizon* 也是一个较为典型的声音视觉化形式作品，气泡的大小显示出声音的强弱信息。此外，一些灯光效果也可以在

---

① 《酒白 SOLOJIU & 瞬息风景下的雨季与酒意》，https://www. tjkx. com/news/showm/1090623。

一定程度上体现出声音的变化信息，如音乐广场的音乐喷泉等，这些都是较为典型的声音可视化装置。闻名世界的装置艺术家池田亮司是日本电子音乐创作方面的领军人物，也是著名的视觉艺术家，他擅长从细微处入手研究超声波学，频率学和声音本身的基本特性。

声音可视化研究要早于装置艺术中展现的声音交互可视的尝试。声音可视化研究始于军事领域的声呐，船只通过收集声音的反馈形成信号，进而在成像器上形成图形，用以区分声源的大小、位置和移动速度等信息。进入数字音频时代后，声音的采集、加工和处理通过数字转化，使得声音可视化成为一种常态。在采集阶段，声音设备通过收声器将收到的声音以不同级别的采样率形式进行存储，采样率精度主要由采样率、采样深度等参数构成，如常用的采样率有22.05Hz、44.1Hz、48Hz、96Hz，采样精度有8bit、16bit、32bit等不同的等级，采样率和采样精度的数值越大，获得的声音信息还原度就越高。在人耳能够感受到的声音范围之内，44.1Hz、48Hz的采样率就已经基本能覆盖了。在将模拟的声音信号转换成数字存储后，在声音的加工和处理环节，编辑器和播放器就可以将数字化的声音信号转换成视觉符号，并可以以任何形式来呈现。通过声音的视觉化，声音由一种相对感性的对象变成了可具体化、量化的数据形态。视觉化的信息不仅可以用在军事等领域，也可以用在其他特殊群体领域，如听障人士可借助声音可视化完成信息的获取和传播。例如，上海美术馆在2022年做过一个“艺术·符号：无界共生”的特展，来自中国、德国、瑞士等国家的艺术家用装置、声音、视觉图像呈现出了听障人士的形象。其中，瑞士艺术家罗曼·西格纳带来了作品《装置》，这是一个36分42秒的有声影像装置，"事件本身（比如西格纳点燃炸药）、以及通过手语对事件的语言化转述都向事件的内在语言发出诘问。事件本身是否有一种语言，或许是某种未知的、尚未定义的语言？手语演讲者的手势似乎能够同时传达这两者，即语言和事件本身。①

① 黄松：《打破偏见和限制，在美术馆感受听障人士的世界》，https://www.thepaper.cn/newsDetail_forward_20163482。

四、声音装置艺术具有明显的实验探索性质和很强的观念性

观念性是装置艺术最重要的特征，通过装置的设计，艺术家希望可以与参观者形成一个交流情境，进而形成美学意象的表达。例如，中国香港艺术家张瀚谦制作的声音装置《碳境》（*Carbon Scape*），他在装置现场摆放了透明的玻璃管，管内有黑色球，随着播放的噪音响起，黑色圆球缓缓上升。由于速度不同造成的高低落差使得它们看起来好像一个个巨大且肮脏的悬浮颗粒，张瀚谦用这样的装置巧妙地象征化工厂、发电厂高耸入云的烟囱，表达化石燃料的使用对地球的影响，呼吁人们关注碳排放。法国艺术家塞莱斯特·布谢－穆日诺创作过一个声音装置作品《此地入耳》，2017 年展出于上海民生现代美术馆，在作品中，多把吉他被放置在一个空间，鸟儿自由地落在吉他的弦上，弹奏出一曲曲美妙而没有“蓄谋”过的音乐。按照创作者的表述，在这个空间里，欣赏者不是在感受鸟儿为我们演奏，而是欣赏者来到了它们的家，欣赏者只是客人。这是一个新的生态世界，是人类之外的世界，借助这样的表达推动我们去审视今天我们和自然界的关系。

装置艺术的观念性表达是现代艺术的重要特征。观念艺术的兴起可以追溯到法国艺术大师马塞尔·杜尚的装置艺术品《泉》，虽然就作品本身来说，它还不能称为一件艺术作品，但是，作为一种表达来说，杜尚的作品确实引发了观众的反思，引发了对艺术创作的反思。后来的达达主义创作更是将这样的表达深化，形成了丰富的观念艺术形态。作为一个概念被提出，“观念艺术”首次出现在 1967 年美国艺术家索尔·勒维特在《艺术论坛》杂志上发表的文章《关于观念艺术的几段话》中，文中有这样一句话：“当一个艺术家采用了艺术的概念形式，这就意味着所有的计划都是事先决定的并且对此的执行就变得无关紧要了。概念是创造艺术的机器。”[①] 英国哲学家路德维希·维特根斯坦在《哲学研究》引文里说：

---

① 解玉斌：《观念艺术的局限性探析》，《北方论丛》2018 第 6 期，第 83 页。

“想象与质疑的交织是观念艺术的基础。”[①] 因此，就声音装置艺术而言，将抽象的声音信息与声音传递的想象性空间相结合，更易于艺术家进行观念性表达。2023 年在成都举办了一场名为“中国当代声音艺术展”的现代艺术展，展览的主题名为“流变——中国当代声音艺术展”，有 18 位国内外装置艺术家带来了他们的作品，展览作品涵盖声音装置、声音新媒体以及声音互动装置。在展览中，艺术家以声音为媒介，表达了大众与城市、人与自然等多样化的观念性表达，在这里，装置艺术是观念呈现最有效的形式之一。日本著名装置艺术家铃木尤里在伦敦梅菲尔市中心制作的互动装置《绽放的声波》用不同喇叭形状的元素捕捉现场的声音，包括观众的声音、城市的声音，置身于装置中，人们形成了一个与城市相互沟通的声场，进而探索作品想要观众思考的主题：交流。这是一件公共艺术作品，其装置设计的巧妙之处在于其空间的设计和观念的表达，推动观看者对作品进行思考。

五、声音信息传递的模糊性和多意性

作为诉诸听觉的声音艺术，声音信息的传递具有明显的模糊性和多意性的特点。嵇康在《声无哀乐论》中提出：“安得哀乐于其间哉？然人情不同，自师所解，则发其所怀。若言平和哀乐正等，则无所先发，故终得噪静。”[②] 作为当代艺术类型之一的声音装置艺术，其出现很大程度上结合了声音的多意性和可参与的特征。当代艺术家在艺术创作和表达时，更加强调艺术作品的现场感、沉浸感，强调作品与观众的对话，期待不同的对象可以产生不同的审美理解。例如，池田亮司在作品《超限》系列中，利用声音装置的技术手段，将日常生活中的噪音和杂音进行艺术化处理，创造出具有强烈感官冲击力的声音体验。例如，他将汽车引擎声、风声、雨声等声音进行采样和处理，创造出令人惊叹的声音景观。这些声音不仅是对现实世界的记录和呈现，更是对人类生存环境的一种反思。然而，因为作品本身具有非常强的抽象性特点，导致观看者对作品的理解产生了明

① 王洪义：《西方当代美术史》，哈尔滨工业大学出版社 2008 年版，第 113 页。
② 夏静：《礼乐文化研究读本》，商务印书馆 2017 年版，第 278 页。

显的多意性和模糊性。

六、声音装置艺术具有概念特征和探索功能

作为装置艺术类型之一的声音装置艺术，在现代艺术体系中具有典型的概念特征和探索功能，它与现代科技发展之间有着密不可分的联系。现代技术的发展为声音装置艺术提供了广阔的创新空间。传统的声音装置往往受限于技术条件和材料选择，难以呈现丰富的声音效果和互动体验。然而，随着数字技术、传感器技术、人工智能等现代科技的不断发展，声音装置艺术家们得以拥有更多的创作手段。例如，利用数字信号处理技术，艺术家们可以对声音进行精确的编辑、合成和重塑，创造出独特而富有表现力的声音效果。并且，传感器技术和人工智能的应用也使得声音装置能够实时感知和响应观众的动作与情绪，为观众带来沉浸式的互动体验。

声音装置艺术的发展也推动了现代技术的进一步应用和改进。声音装置艺术作为一种新兴的艺术形式，对技术要求较高，这反过来也推动了相关技术的不断发展和完善。例如，在声音装置的制作过程中，艺术家们可以利用先进的录音设备、音频处理软件和硬件设备来实现他们的创作意图。这些需求推动了音频技术的不断进步，使得录音设备记录声音更加精确、音频处理软件更加高效、硬件设备更加稳定可靠。同时，声音装置艺术的创新实践也为现代技术的改进提供了宝贵的经验和反馈，促进了技术的不断优化和升级。声音装置艺术与现代技术发展的关系还体现为它们共同推动了艺术领域的创新和发展。声音装置艺术作为一种融合了声音、技术和想象力的综合艺术形式，不仅为观众带来了全新的审美体验，也为艺术领域注入了新的活力和创造力。通过声音装置艺术的实践探索，艺术家们得以突破传统艺术的界限和限制，创造出更加丰富多样、具有深刻内涵的艺术作品。这些作品不仅丰富了艺术的表现形式，也为观众提供了更多的艺术选择和欣赏方式。与此同时，现代技术的发展也为声音装置艺术的传播提供了便利。通过互联网、社交媒体等现代传播渠道，声音装置艺术作品可以迅速传播到世界各地，吸引更多的观众关注和参与。这种传播方式的变革不仅扩大了声音装置艺术的影响力和受众范围，也为艺术家们提供了更多的创作机会和展示平台。

综上，声音装置艺术与现代技术发展之间存在着密不可分的关系，即现代技术的发展为声音装置艺术提供了创新空间和技术支持，而声音装置艺术的发展又推动了现代技术的进一步应用和改进。这种相互促进的关系不仅推动了声音装置艺术的繁荣和发展，也为艺术领域的创新和发展增添了新的动力。未来，随着科技的不断进步和声音装置艺术的不断创新，我们有理由相信，这两者之间的关系将更加紧密，共同创造出更加丰富多彩的艺术世界。

第四章　广播文艺节目的审美

广播节目主持人与听众进行交流的载体是主持人自身塑造的声音形象，而不同的广播节目类型在一定程度上影响着广播主持人声音形象的塑造。从广播人声的语言功能来说，它可以简单化为表意和传情。表意的衡量尺度在于声音所承载的信息能否被清楚、明确地传达，广播新闻、服务类节目的主持人声音大多可以划入这一类，而传情的衡量尺度在于听众能否感受到播讲者的情绪波动，双方能够实现情感的共鸣。好的广播文艺类节目主持人的声音大多具有在清楚传达信息的同时也可以感染听众情绪的特点。对表意类广播节目而言，标准化是广播主持人声音塑造的方向，而对于文艺节目主持人而言，个性之美则是该类型主持人声音发展的方向。相对于具有规范可参考的标准化的训练模式，主持人个性化声音的设计与塑造则显得困难得多，如何围绕广播节目打造出具有个性之美的声音成为广播文艺节目从业者、研究者关心的问题。

对于广播文艺节目的主持人而言，个性化的声音并不是指主持人声音的原始音色，而是要求主持人的声音能够根据节目的需要进行设计，体现出个性化的差异表达。

一、差异化定位，打造具有特色的广播文艺声音

（一）与特定的栏目相适应，让主持人的声音成为栏目的风格

栏目是具有固定播出模式、固定表现形式的信息单元，而主持人是栏目最重要的载体和外在形式。对于广播文艺节目而言，选择声音特质恰当的主持人是至关重要的，主持人的风格往往会成为栏目风格中至关重要的一部分。而栏目的风格一旦确定，主持人的声音形象就成为栏目的标志，

不能随意地改变，这是由栏目的内在规定性所决定的。保持稳定是栏目的一个基本特征，而这种稳定的节目形态又反过来吸引稳定和忠实的听众，进而形成围绕主持人的粉丝群。例如，江苏交通台下午的王牌节目《开心方向盘》的主持人陈鸣、梁爽，一个来自北京，一个来自天津，两个人用相声的捧逗哏方式进行主持，他们特有的北方人的口音与江苏这一典型的南方人口音之间形成了鲜明反差，受到听众的喜爱，结合节目中巧妙的内容设计和插科打诨的演绎方式，让听众在收听期间笑声不断。该节目的播出时间段正值下班晚高峰，收听群体主要采取车载收听方式，这样的节目主持风格给下班被堵在路上的汽车司机带去了欢乐，让他们堵车不堵心。

（二）与特定的受众群体相适应，满足特定群体对声音的需求

从整个广播听众的群体特征来看，随着广播产业的发展，听众本身的细分化的现象已经越来越明显，随之而来的是对广播文艺节目主播的声音形象差异化的需求。从传播效果的角度来看，在节目策划的过程中，通过选择和打造具有特性的声音形象，也有利于增强节目传播的效果。从收听群体来划分，听众可以年龄、职业、区域、性别等进行分类，即使在同一年龄层，又可以根据收听目的、收听行为进一步细分。与听众的细分相对应，文艺节目主持人的声音形象也应该体现出不同。从声音的选择角度来看，这种细分包括主持人声音音质差异形成的独特听觉形象、主持人独特的声线、主持人文化背景的专业程度，这些都会造就不同的节目风格。以受众的职业划分为例，出租车司机是广播文艺收听群体中一个非常重要的部分，这一群体除了常规性的欣赏文艺节目的需求外，对一些充满趣味性、互动性的文艺节目也有需求，如故事类、曲艺类、喜剧类节目，同时，他们有机会也有能力以互动方式参与节目。此外，这一群体收听较为稳定，他们对主持人声音形象具有相对稳定性的需求，他们不仅关注主持人的普通话是否准确，声音是否好听，而且更关注其声音是否真诚、自然，是否具有个性特色。

（三）围绕时段编排，设计主持人的声音风格

当下的广播播出编排主要是以时段性、板块化的方式体现，与之相对应地，不同时段的收听环境、收听群体的变化也会制约主持人声音形象的选择。例如，早间文艺节目，从内容制作上倾向于专题以及资讯类文艺节目，这一类节目的主持人的声音风格更突出理性和平和，以满足早间收听群体快速、清晰地获取资讯的需求；而在上午或下午的专题文艺性节目中，主持人更多是主导式的，具有突出的带入特点，引导听众对节目进行欣赏、评析；而在晚间时段，听众对赏析类文艺节目、互动类文艺节目的需求会更多，特别是不同年龄的群体在收听时段分布的差异，会对主持人的声音形象的选择产生叠加影响。近些年，随着车载收听的增加以及收听平台的丰富，在广播收听群体中，年轻群体的比例出现了明显的提高。从赛立信 2023 年所做的一项调查来看，广播核心听众逐渐呈现出年轻化和高知化，更加追求质量内容。“数据显示，广播收听核心群体集中在 80 后和 90 后年轻人，占比超过一半，数量庞大，且在经济能力和消费意愿上表现出了较强的活力。”① 年轻收听群体的回流也促使文艺广播主持人改变传统的声音设计，明确年轻收听群体在收听广播文艺节目过程中对声音的独特诉求，以更加现代、时尚的方式来传递广播文艺内容。

（四）围绕新兴节目样式，打造特色主持声音

随着广播产业的发展，广播文艺节目也从早期的综合型传播方式走向了细分化和专业化。近些年，在传统文艺广播节目增速不快的背景下，一些新兴的广播文艺节目样式却异军突起，例如故事广播和文艺脱口秀等。相对于传统文艺专题节目，故事广播的成本低、收听效果好，近些年在全国各文艺台迅速普及。而一些新出现的娱乐广播形态则彻底抛弃了传统文艺广播的节目样式，主要由娱乐类、脱口秀类、笑话类等节目形态组成，形成了新形态文艺广播。与此同时，各种类型化的文艺广播也在迅速发

① 赛立信融媒研究小组：《广播与在线音频：年轻化、智能化趋势下的用户行为观察》，《数据广播》2024 年，第 11 页。

展，除了市场影响最大的音乐类型广播台外，一些戏曲类型台、故事类型台也大量出现。随着文艺节目类型和播出渠道的细分化，广播文艺节目的样式也在不断创新，出现了“音乐＋戏曲”“音乐＋故事”等新兴节目形态，这些节目形态对主持人风格的要求都与过去单一类型的节目主持人不同，主持人在声音的塑造上要更加灵活和多变。例如，辽宁电台的《娱乐双响炮》是一档含有情景剧元素的脱口秀节目，在这一档节目中，主持人蝈蝈和江南除了要满足常规节目的介绍和与观众互动之外，还要在一些节目环节进行角色扮演，通过声音造型来完成节目，节目中脱口秀式的调侃与戏剧化的配音等声音元素，给听众带来了多样化的声音审美体验，独具个性特色的声音形象塑造成为该节目一个重要的亮点。

除了以上四种常见的广播文艺节目主持人声音风格的设计外，广播媒体作为区域性服务媒体，在特定节目中还可以以方言播报等方式出现，以突出个性化特色。目前，各地都有一些具有影响力的广播方言节目主持人，这些节目的主体受众对象是本地人群，节目在演绎原汁原味的方言的同时，也承担着对方言的传承、教学等诸多功能。例如，南京私家车频率下午段节目《小堵大开心》就是一个以南京方言调侃方式的伴随性节日，主持人秦岭使用南京方言，与另一主持人晨晨搭档，用独特的视角演绎戏剧故事，很受南京地区听众的喜爱，观众亲切称秦岭为“秦大妈”，甚至有很多人跟着这个节目学习南京方言。然而，从普通话推广的角度来说，方言在媒体中的使用是有悖于这样的方向的，国家新闻出版广电总局（以下简称“广电总局”）曾多次下文规范和限制方言类节目的使用，因此，方言节目大多只是常规节目之外的一种补充。

二、发掘内在潜力，追求独特的广播文艺声音造型

声音造型是指广播文艺节目主持人通过虚拟角色扮演等方式参与文艺节目的创作，特别是在戏剧类广播节目中，通过塑造自己的声音形象，演播角色内容，塑造戏剧声音形象。

就声音造型而言，演播者的创造能力决定着最终听觉形象的审美效果。“文艺广播主持艺术的创作性首先是一种审美创造，播讲者在长期创作过程中，集聚的意象和审美感受组合贯通，并创造出一种形象，使听众

从审美的直觉经深入感受而到达领悟的过程。”① 这种创造性体现在演播者对角色的设计、情感的把握以及人物形象的创造等方面。通过创造性的声音造型活动，为听众塑造一个充满魅力的听觉审美形象和鲜活的角色形象等。因此，从文艺广播节目的审美需要角度而言，朴实自然、充满个性、富于表现力的声音形象是文艺广播创作对演播者声音形象的审美需求。

（一）追求自然、朴实之美

就文艺广播节目的演播而言，演播者需要借助声音来塑造丰富的人物形象，演播者真诚、朴实的声音塑造是听众获得审美情感的重要载体。在人物形象塑造上，演播者首先需要理解作品中角色的情感，将自己代入角色中，按照角色真实的状态进行声音塑造。这就要求演播者的声音尽可能地自然、平实，演播者自己完全进入角色，在情感表现的时候以不同技术手法呈现，跟着角色一起哭、一起笑、一起疯，哭要能让听众动容，笑要能传递快乐情绪。例如，宁波电台制作的广播剧《绿野恋曲》是一部农村题材的作品，电台主持人雪莉扮演剧中女青年春兰，为了更真切地表现作品的环境和人物角色，雪莉有意识地将自己置于大自然和日常生活的情境，展现生活的原貌，最终制作出来的广播剧平易真切，富有生活情趣。

（二）追求意境、想象之美

意境是中国传统美学的一个重要范畴，是情景交融而产生的审美意蕴，司空图的“象外之象”、王国维的“境界”都属于这一范畴体系。这种理论主要在绘画和文学中有所涉及，其最重要的特征就是“虚实相生”，在具体对象的审美体验中产生无限的审美想象，“言有尽而意无穷”也是意境的审美特点。在文艺广播节目的声音造型中，声音通过听觉系统完成形象的构建，声音的缓急、高低、长短等都可以营造出非常丰富的审美想象空间，演播人员通过诗化的语言营造作品丰富的审美空间。例如，

---

① 雪莉：《创造如天：文艺广播主持艺术的创造性特征》，选自《声音的痕迹——雪莉广播作品专辑》，中国广播电视出版社 2007 年版，第 327 页。

广播剧《红枫树》讲述了一个乡村教师无私奉献山区教育的故事，作品采用了散文化的语言风格进行表现。作品中，主人公曾枫生和叶小芳有一段讲述的独白：

这是一个温馨可爱的秋夜，弯弯的月亮升起来了，起伏的山峦，潺潺的小溪，蜿蜒的羊肠小道，都披上了一层朦朦胧胧的月光。我和小芳从沈校长家吃饭回来，沉醉在这温情的月光中，仿佛整个身心都融化了，说不完的话语伴随着山菊花的香味儿在山野飘荡。

作品中散文化的语言风格含而不露，给了听众丰富的审美想象，将主人公内心对小芳的爱恋暗示出来。“《红枫树》正是凭借这种诗情画意的意境，吸引了听众，增强了艺术感染力。”[①] 该剧获得了第六届精神文明建设“五个一工程”奖，作品得到了专家的认可。

（三）追求个性、自我之美

“风格就是生命”，对广播文艺节目的声音造型而言，具有个性化的声音同样非常重要，它是演播者进行作品演绎的基石，也是塑造稳定的听觉形象的保证。例如，已故播音艺术家夏青的风格主要是庄重、雄浑，著名播音员、朗诵艺术家铁城的风格是沉稳、凝重。在上海广播电台演播的广播剧《刑警803》中，宋怀强配音苗震，程玉珠配音诸葛平，王玮配音刘刚，他们的声音各具特色，又相得益彰，准确地展现了作品中人物的个性特色，为该剧的成功做出了重要贡献。

对广播这样一种声音媒体而言，不仅在播报、主持时需要塑造独特而又有个性的声音形象，即使在进行演播之类的文艺创作时，也需要演播者逐步确立具有个性化、高识别度的声音形象。对演播者而言，个性化的声音既是个人自身声音特色的体现，也是个人内在性格特征的外部表现，只有具有丰富的生活经验、善于思考的人，才能在声音形象中展现出理性、

① 周军：《一首优美的田园诗——浅谈广播剧〈红枫树〉的散文化艺术风格》，选自王雪梅等主编：《新时期广播文艺的发展》，中国广播电视出版社2004年版，第116页。

冷静的特点，同样，只有感情细腻、善于观察的人才能做到在情感塑造时准确地传递声音。“言为心声”，个性化的声音造型不是矫揉造作的扮演，而是发自内心的演绎，是在充分理解作品、理解角色的基础上的二次创作，它与演绎者自身的文化修养、审美品格都有着紧密的联系。“播音的风格，实质上就是人格的具体化。没有个性化的播音可以说就是没有风格的播音。”①

① 雪莉：《与美同行——广播文艺作品演播创作的美学追求》，选自《声音的痕迹——雪莉广播作品专辑》，中国广播电视出版社 2007 年版，第 341 页。

第五章　广播剧的发展战略及审美

根据2011年公布的我国“十一五时期广播电视发展状况”统计，在“十一五”期间，“广播剧类广播节目制作时间8.02万小时，比‘十五’末7.54万小时增加0.84万小时，增幅6.37%，年均增长1.24%”。在播出时间上，“广播剧类广播节目播出时间57.48万小时，比‘十五’末的41.18万小时增加16.3万小时，增幅39.59%，年均增长6.89%”[①]。与之相对应的，“十一五”期间，全国广播节目总制作和播出时间分别为681万小时和1266万小时。

国家广播电视总局公布的《2023年全国广播电视行业统计公报》显示：2023年全国广播电视和网络视听行业总收入14126.08亿元，同比增加13.74%，截至2023年底，全国开展广播电视和网络视听业务的机构超过5万家。其中，广播电台、电视台、广播电视台等播出机构2521家，广播电视节目制作经营机构约4.1万家。[②] 广播剧作为在线音频的表现形式之一，近些年在网络小说等的推动下，行业规模、社会影响力越来越大，社会关注度也越来越高。以猫耳FM平台为例，截至目前，《魔道祖师》《撒野》《默读》《杀破狼》等11部小说改编的广播剧播放量均破亿次，其中，《魔道祖师》第三季播放量达2.4亿次。相较于电视剧、动漫，广播剧制作投入的资金较少，制作成本较低，且仅仅以声音作为表现形式，能够为听众留下较大的想象空间。随着国内影视剧制作水平的下降，越来越多的消费者将目光转向广播剧。

作为一种节目类型，在整个广播文艺体系中，广播剧的制作量和播出量是非常可观的，然而，相对于其他类型的广播节目而言，它需要投入的人力、物力、财力与其产生的经济效益却十分不相称，一部每集投资上万

---

① 《十一五时期广播电视发展状况（二）》，http://gdtj.chinasarft.gov.cn/showtiaomu.aspx?ID=cec3a20a-be18-4c2c-9f54-038fcc8d0377。

② 国家广播电视总局：《2023年全国广播电视行业统计公报》，2024年。

元的广播剧，卖到电台往往只能卖几百元，“卖一部，亏一部”成为很多广播剧制作者共同的心结。

一、当下广播剧存在的困境与机遇

（一）困境

制作量大而影响力小，而一些针对参赛设计的精品广播剧制作投入高，但市场反馈效果一般，这是当下广播剧生产总体呈现的困境。近些年，在广播电视市场化改革的推动下，电视的收视率、电台的收听率都成为左右广播电视节目生产的重要风向标。在广播领域，传统的综合台向类型台转化，交通服务、音乐、新闻等不仅成为独立的播出频率，甚至成为各地方最具影响力的播出频率，它们抓住了广播听众中的绝大部分群体，具有统治性地位。而从传统综合台分离出来的文艺频率、戏曲故事频率往往成为小众、特色的代名词，对听众的覆盖和影响力非常有限。在这样一个大的背景下，广播剧在整体上处于播出平台缺乏或是播出影响力缺乏的困境中。

目前，占统治地位的交通、音乐、新闻三大频率基本不再开设专门的广播剧播出栏目，传统广播剧想要挤入这一领域非常困难。这些频率的运营方式大都是主持人类节目，以时段进行划分，确定每天的主持人节目风格类型，一档节目有一个或两个固定主持，一档节目的时长为1～3个小时，每天时段排得非常满，采用固定栏目、固定主持人的方式固定受众群体，形成稳定的收听效果，为听众提供伴随性欣赏以及服务性节目。而在文艺和戏曲等类形态台中，虽然仍开设有广播剧播出窗口，但因为这些频率自身影响力有限，因而难以实现对大众收听习惯的培养，因此，对广播剧的传播和推广效果甚微。可以看出，有效播出窗口的缺失是当下广播剧影响力难以提升的最重要原因。

现在广播剧的生产大多是评奖机制刺激下的创作，属于创优剧，小到各省市的“五个一”工程奖、政府奖、专家奖，大到中宣部的“五个一”工程奖，只有获奖，创作才算是有回报。加上近些年来各台以及各地方政府都非常看重评奖，在创优剧方面都有专项经费，政府投入的加大以及重视程度的提高，又反过来刺激制作单位投入更大的精力进行作品的创作，一部创优剧往往需要半年左右的时间准备和打磨，大量人力物力投入其中。这些剧目无论是否获奖，最终的命运大抵相同，即进入各地方台的资料库，很少再有人问津，对大多数听众而言，它们像待字闺中的大家闺秀，难见真容，至于市场听众的收听率或者二次销售，则更是无从谈起。

从当前的现状来看，广播剧的发展遭遇困境，这个困境既包括广播剧如何适应时代的发展需要，更包括广播剧自身存在是否必要。然而，困境、危机往往意味着新的机遇和变革的到来。老子说："反者道之动。"要能够在迷茫中看到真知，在不确定中看到存在的必然，"恍兮惚兮其中有象，恍兮惚兮其中有物"。[①] 就今天的广播剧发展而言，移动互联时代的开启以及家用汽车普及化时代的到来，带来了广播剧发展的新机遇。

（二）机遇

移动互联时代带来的最大变化就是传统媒体中心论的结构正在被消解，互联网、手机移动终端、可穿戴设备，这些新的技术手段正在改变传统的"媒体—大众"传播模式，新型的"大众—大众""大众—媒体—大众"等多元化的传播模式已然成为现实，只需一部智能手机，用户就可以自制影像、文字，通过微信、微博等社交工具进行传播，个人成为自媒体，成为传播主体。不仅如此，这种新的媒体终端还可以实现同步互动，人与人之间信息的交换非常便捷，一个普通人既可以是一个信息接收终端，又可以成为新的大众信息发布平台，这些人组接在一起，形成一张相互交织的信息传播互联网。新的传播模式的出现，为广播剧这样的传统广播节目形态提供了新的播出可能，移动终端的App、专业的互联网播出平台、个人微博等网络媒体信息发布平台都可以成为广播剧演播的新兴领域。与传统的区域性广播媒体不同的是，新兴的网络媒体已经打破了区域覆盖的限制，它可以实现真正的全球互联、资源共享以及互动式传播，因此，新媒体的发展为广播剧创造了发展新机遇。

近些年，家用汽车普及的速度非常快，国内汽车年销售数超过千万台。从我国汽车的发展历程来看，1958 年，第一辆国产轿车在长春第一

---

① 杨永胜主编：《国学经典大全集》，外文出版社 2012 年版，第 341 页。

汽车制造厂总装下线，被命名为“东风”；1986 年，上海人王嘉华购买了我国第一辆私家车，开启了家用私人轿车的历史；2000 年，上海私人汽车牌照解禁，同年，10 万元以下的入门级轿车开始出现，普通人拥有一辆家用汽车的需求意愿被激发，这一年也因此被称为中国汽车元年，汽车开始进入家庭。根据公安部 2024 年 1 月发布的数据，截至 2023 年，全国机动车保有量已达 4. 35 亿辆，其中，汽车 3. 36 亿辆；机动车驾驶人有 5. 22 亿人，汽车驾驶人 4. 86 亿人[①]，中国进入了汽车时代。

汽车时代的到来，带来了广播产业发展的第二春，更多人选择在汽车上收听广播节目。随着城市化发展进程的加快，城市交通拥堵，造成了有车一族在路上行驶的时间更长，这也在客观上增加了听众收听广播的时间。不仅如此，随着汽车技术的发展以及新型电子设备的大规模使用，传统的广播方式也在发生变化，广播收音机不再只是简单几个按键的传统广播，而是逐步采用了越来越智能化的设备，汽车的广播音响系统正变得模块化和智能化，成为一个多媒体集成平台，拥有与手机、平板电脑相近的功能，驾驶者可以通过第三方软件进行预设，包括驾驶线路、收听内容、互动方式选择等，用户的主动选择性越来越强。在这一大的发展趋势影响下，听众对广播节目的需求越来越个性化，通过定制、选择等方式，打造属于自己的汽车移动媒体平台。在汽车广播收听市场上，现在一些热播的有声读物，借助知名演员的演绎和录音制作，对一些热门的小说进行二度创作，获得了非常好的销售份额。在传统广播播出平台“失宠”的广播剧，可以通过自身的变革和调整，在这些新型播出模式中找到属于自己的传播和分享平台，找到自己新的发展机遇。

二、广播剧发展的得与失

从广播剧的发展历程来看，特别是 20 世纪 90 年代后半叶以来，广播剧的发展整体遭遇困境，包括主流播出阵地失守、主要听众流失和市场意识缺失等一系列问题。广播剧一度被普通听众遗忘和漠视，即使对于今天

---

① 《全国机动车保有量达 4. 35 亿辆　驾驶人达 5. 23 亿人　新能源汽车保有量超过 2000 万辆》，https://www.gov.cn/lianbo/bumen/202401/content_6925362.htm。

大多数的有车一族以及家庭收听群体来说，收听广播剧的次数也是少之又少的，音乐、路况和新闻是汽车听众选择收听的主要内容。交通频率、音乐频率、新闻频率、城市生活频率等当前主流电台频率在日间时间段基本上不播广播剧，对广播剧的介绍、普及宣传以及与广播剧创作有关的与听众互动的活动已经很少出现。

广播剧近20年来发展停滞，是与今天广播节目市场化发展休戚相关的。在广播节目制作主体逐步市场化运作的影响下，广播节目的收听率和运营成本核算成为影响广播节目生存和发展的重要指标。相对于报刊和电视等大众传媒，广播节目的制作具有快捷、高效的优势，它可以通过电波将信息第一时间发送给听众。而随着媒体之间竞争的逐步升级，传播速度成为竞争的重要筹码，因此，广播节目的直播化就成为必然趋势，在今天各频率的广播节目中，直播成为一种常态。

广播节目的常态化直播发挥了广播三方面的重要优势。一是参与性、互动性增强，听众可以通过电话、网络评论和点赞等与主持人实现真实的实时互动，观众真正感受到了收听广播节目的“零”距离。二是服务性功能增强。如在直播节目中随时插入的路况信息，可以给听众以及时的提醒，很好地发挥了广播的日常服务功能，特别是针对驾车一族的服务功能。三是成本降低。现在大部分频率的直播节目的基本构成是“主持人+导播”，这样的组合可以一次承担2～3个小时的时间段节目，主持人集信息的采、编、播于一身，极大地节省了节目的制作成本。

广播节目直播的常态化带来的直接冲击就是传统录播节目的生存受到挑战，其中广播剧这样的录播节目受到的影响最为突出。广播剧节目的创作涉及编、导、演、合成等多个环节，是一项综合性很强的创作活动，其创作周期长，制作成本比其他广播节目的更高，这些特点都与现代广播节目直播化的发展趋势相背离，因此，广播剧播出阵营的失守就不可避免。在播出受阻的同时，其产生的连锁反应就是广播剧听众的流失。如今，广播剧的忠实受众越来越少，一些年轻人甚至从来没有听过广播剧，更谈不上喜不喜欢广播剧。在一些文艺频率或戏曲、故事频率中，虽然有广播剧的固定播出，但其影响力有限，难以对广播剧的推广和发展起到实质性的推动作用，传统广播剧的受众市场正在逐步流失；而传统的创优类广播剧的制作理念长期不与市场需求接轨，“曲高和寡”在所难免，普通听众不仅接触不到，即使接触到了，也难以打动今天见多识广的他们。市场意识的缺失，使得广播剧的制作和再发展缺乏自身的造血能力，失去了开拓进取的动力。

广播生态环境的变化导致了广播剧整体失落的境地。然而，纵观近十多年广播剧日渐式微的历程，广播剧并非一无所获，恰恰相反，收获是很丰厚的。广播剧发展的第一大收获表现在广播剧精品数量的大幅度增长上。从 1992 年“五个一”工程奖开设，特别是 1996 年广播剧被纳入“五个一”工程评奖以来，各地方电台录制和播出了大量优秀的广播剧，截至 2023 年，累计有近 200 部作品获得“五个一”工程奖，入围作品更是数倍于此，再加上由各地方电台制作的但最终没能入围“五个一”工程系列的作品，累计多达上千部，这是一个非常可观的数据。这些作品都是各地方电台投入了大量的人力、物力和财力创作而成的，具有较高的艺术价值和审美品质，不仅如此，对大多数听众来说，这些作品都是陌生的、新鲜的，可以吸引他们收听。这样一个庞大的影音资料库是广播剧几十年发展累积的财富，是广播剧人的收获，也是广播剧这一独特艺术类型得以存在的见证和发展的基础。

近些年，广播剧发展的第二大收获就是培养和稳定了一批热心从事广播剧制作的人和团队。在这个队伍里，大家有一个共同的称谓——“广播剧人”，在全国各地方电台、制作公司以及高校中，这样一批创作力量的存在是未来广播剧发展的基石。广播剧市场的变冷并没有造成广播剧人的消失，因为创优、评奖等需求，各地方电台都有着自己的广播剧创作队伍，这些创作者不仅每年进行大量的广播剧制作，还通过举办研讨会、学术性讲座等方式不遗余力地推广广播剧。在这样一个群体的带动以及每年众多评奖活动的刺激下，一些社会性组织、传媒类文化公司也投入到广播剧的阵营中来，它们或是联合广播电台，或是联系地方高校，或是独立制作申报、制作和推广广播剧，它们与广播电台体制内的制作人、导演一起组成了广播剧制作的专业性队伍。在这个队伍之外，还有许多网络写手、网络制作人也为广播剧的独特魅力所吸引，参与广播剧的制作，他们借助网络这样一个开放的播出平台，成立网络广播剧制作小组、兴趣小组、推广小组等，制作了大量网络广播剧作品，这个群体成为广播剧的草根创作队伍。这两支队伍的存在，不仅延续了广播剧的生存和发展，同时也为未来广播剧的重新起步提供了人力保障。

三、未来广播剧发展的坚守与突围

在广播媒体的发展过程中，广播剧的生存环境问题日益突出，给广播剧的发展带来了冲击，未来的广播剧该走向何处？广播剧还能不能重塑辉煌，找到自己的位置？这一系列问题摆在每一个热爱和从事广播剧创作的人面前。《周易·系辞传》提出："变则通，通则久。"① 广播剧的发展同样需要变革，在变革中寻找机遇。

（一）精品剧与"粗品"剧并存

在文艺作品创作领域，对"精品"这个概念大都不陌生，对它的解读也在不断丰富。早先将"思想精神、艺术精湛、制作精良"这十二个字作为衡量标准，中宣部"五个一工程"奖评选以来，对"精品"的概念做了进一步丰富，提出"思想性、艺术性和欣赏性"的三性统一标准。广播剧作为文艺创作百花园中的一枝，一直以来在精品剧的打造上可谓不遗余力。

从广播剧的发展而言，精品剧创作的地位不会受到根本性的动摇，在精品剧创作的背后，各类评奖机制是广播剧创作和发展的重要推手，当前，其存在是广播剧得以继续发展的保障。同时，精品广播剧的创作也是确保广播剧创作质量的重要标杆，精品剧的创作所产生的示范效应可以为广播剧人的后续创作提供参考。中国广播电视协会专家组原副组长孙以森在谈到广播剧精品对广播发展的作用时提出："首先，它可以为后续创作提供有益的参照和经验。其次，创作者的精益求精的创作态度，勇于创新的精神，对于后来者有启示、激励和带动作用。"② 因此，在广播剧的未来创作领域，在导向上，精品剧是不可或缺的，精品化创作导向是不会改变的。但是，这样的导向不能是单一的，在鼓励精品剧创作的同时，还应

① 林之满主编：《周易全书》（第一卷），北方文艺出版社2007年版，第167页。
② 孙以森：《谈谈广播剧的精品创作》，http://www.cnr.cn/gbyj/djt/201401/t20140109_514608810.html。

该推动非精品剧、非创优剧的制作。

2013 年底，在北京举办的广播剧制作人培训班上，黑龙江电台的王锐导演提出了一个“粗品剧”的概念，笔者认为这个概念非常精妙。这个“粗”不是“粗俗”，而是相对于精品剧创作而言，它是一种能够快速、及时地反映和满足普通大众的需求，能够作为大众日常审美娱乐的广播文化产品。相对于精品剧创作周期长、投入大的创作模式而言，“粗品剧”的创作主要有以下特点。

一是该类剧与市场相适应，是针对市场的需求而进行创作的，它关注的是市场中听众关心的热点事件、热点话题。作品在生产和投放环节，市场化意识较强，会针对相应的产品进行前期的宣传和推广，运作机制较为成熟。例如，湖南金鹰 955 电台推出的反映“80 后”成长故事的广播剧《三十，而立》，经过前期的精心推广和运营，上线播出后大获成功。该剧将当下年轻群体所面临的考研、买房、结婚、生子、创业等一系列社会问题都表现出来，引发了听众的强烈共鸣。

二是该类剧的制作精细度相对较低，以满足日常收听为主。对普通听众的日常收听而言，故事内容很关键，谁来演播要比演播得好与不好更为重要。广播的伴随性特点，决定了广播听众在收听广播节目的时候专注力不强、投入度是不高的，在这样的收听环境下，精彩的故事情节、有意思的台词、紧张的悬念是提高观众收听率的重要保证。而由一些知名主持人，甚至是一些明星参与演播，会对观众产生号召力，有助于作品的推广和传播。此外，在降低制作精细度的同时，“粗品剧”也能有效地降低成本，提高制作效率和广播剧制作的数量。

因此，未来的广播剧市场中应该存在两个市场：一个是精品剧的创作市场，起到提升老百姓精神文化层次的作用；一个是日常化广播剧的创作市场，满足普通大众常态化的娱乐休闲需求。

（二）长剧与微剧共荣

在戏剧类作品的长度划分上，一般 3 集以上的电视剧就属于连续剧，可以算是长剧。在目前的广播剧评奖体系中，连续剧是一个独立的评奖奖项，因此，许多电台在生产广播剧的时候会有意识地生产这一类型的广播剧。就连续剧的长度而言，目前并没有严格的限定，3 集算连续剧，30

集、300集也算连续剧。从评价体系上来说，它们没有本质上的区别。然而，在实际操作过程中，由于广播剧的市场开发有限，大多数电台制作的广播剧都是“迷你”连续剧，3集或是5集，很少超过10集，这就造成了目前的广播长剧不“长”的尴尬局面。连续剧长度的缩水，带来的直接后果就是这些剧难以投放到市场，难以对听众实现有效的培育。

广播作为伴随性的休闲娱乐方式，决定了听众在接受广播作品的时候，会有相对固定的收听时间，会对同一部作品持续关注。长篇连续剧在满足观众固定的收听需求之外，还有一个很重要的功能，就是对听众的培育。广播剧要想成为普通人日常审美活动对象、休闲娱乐对象，就要与普通大众的生活紧密联系，成为他们生活中的话题。对于广播剧创作者来说，可以创作出鲜活的虚拟形象，使之成为听众日常的精神伴侣。例如美国的肥皂剧，电视观众会将剧中的人物当成家人，在角色生日的时候寄去贺卡和礼物。广播剧也具有这样的功能。肥皂剧是由广播剧改编而来的，讲述的内容与普通大众生活非常密切，而且播出持续时间很长，剧中的人物和故事几乎伴随着听众，和观众一起成长。例如，美国电视肥皂剧《指路明灯》最初就是广播剧，1937年在美国全国广播公司播出，50年代转到电视台，到2009年停播时，该剧已经播出了72年，累计15700多集。70多年间，该剧陪伴了几代美国人，成为他们共同的记忆。同样地，上海电台录制的广播剧《刑警803》自1990年开播，30多年来，已完成1000余集的制作，创下国内广播系列剧产量之最的记录。[①] 因此，发展长剧甚至超长剧，不仅可行，而且对未来广播剧的发展而言，是势在必行的。

在未来的广播剧市场，除了传统的广播长剧需要繁荣外，微剧时代也将成为现实。互联网以及移动客户端技术的快速发展，正在改变人们的生活方式。随着5G等通信领域技术的发展，我国移动互联网得到了快速发展，用户规模增长迅速，根据QuestMobile发布的数据来看，“截止到2024年9月，中国移动互联网总体规模已经接近12.5亿，月人均时长达

① 《生日快乐，三十而已，祝〈刑警803〉越听越扎劲!》，http://www.360doc.com/content/24/0712/15/40719971_1128595273.shtml。

到 164.7 小时”。①

广播剧作为传统的文化类型，也必然要主动适应新媒体时代的发展需求，推出适合“微”时代大众乐于接受的微广播剧。微广播剧并非简单地将传统广播剧的时长压缩、将时间设定在 5 ～ 10 分钟这么简单，微剧的“微”还体现在其内容要适应手机等新型移动设备接收的需要，适应微时代用户的使用习惯和审美需要。从题材上来说，微剧创作要符合年轻受众的需求，选择这一群体所关心的话题进行创作，满足他们的收听需要。在制作上，要求简洁而有活力，强化节奏感和叙事张力，求新求变，以满足他们的收听心理。从 2012 年开始，中国广播剧研究会、浙江广电集团共同发起和组织了“中国广播剧微剧大赛”，活动取得了很好的社会效应，不仅评选出许多精彩的微剧作品，而且对微剧的传播和推广起到了积极的推动作用。此外，一些地方电台也已经积极投入到微广播剧的生产中，尝试做“第一个吃螃蟹的人”，例如，青岛故事广播先后推出了微广播剧《知青》《青岛大嫚的幸福生活》，并在网络上同步播出，产生了良好的社会反响。

（三）专业创作与大众参与共同发力

现代传媒技术的发展带来了传统媒体领域的许多变革，影音生产越来越便捷，专业技术的门槛降低了，影音欣赏的接受方式也越来越自由。在广播制作领域中，传统的广播语音录制设备越来越便捷，不仅一些发烧友自己组装的专业设备可以达到准专业化录制水平，甚至一些普通人用手机就可以实现录音，录制后上传到一些音视频共享网站，简单几步就可以完成一部录音作品的发布。这些新的变化既给广播剧生产带来了危机感，也给广播剧发展带来了新机遇。

危机感意味着广播剧录制的专业性垄断地位遭到了挑战。传统广播剧的生产因为过程复杂、参与人员众多、前期投入大、对录制设备和录制人员技术水平要求高等门槛，使得普通的个人和群体无法进行专业化广播剧

---

① 钟经文：《QuestMobile 发布 2024 中国移动互联网报告，WiFi 万能钥匙稳居 WiFi 赛道用户规模榜首》，https://caijing.chinadaily.com.cn/a/202412/23/WS676926e0a310b59111daa67e.html。

生产，生产什么、生产多少广播剧掌握在广播电台或是一些专业制作公司手里。而新技术的革新使录制设备越来越简单，个人或是兴趣小组借助组装简易的录音间，通过寻找一些声音具有特色的加盟者，就可以完成广播剧的录制工作，借助网络平台，创作者可以跨越地域、时空限制进行网络推广。

新兴的广播剧创作队伍具有非常强的大众化、草根性的特点，作品往往以选题新颖取胜，语言幽默、紧贴当下热点，具有非常强的网络特点，制作简单，演员较为固定，对音效和音乐的使用要求不高，大多采用一些网络共享资源，较为粗糙。例如，在网络上颇有影响力的“剪刀耽美广播剧团”成立于2006年，主要以改编网络耽美小说为主，后来也逐步走向原创剧的生产，录制了大量青春、奇幻题材作品，在网络中颇有影响力，其代表作《悲惨大学生活》在“耽美中文网”上点击率超过了11万人，在网友中的影响力更是不容小觑。

这些兴起于网络的创作队伍对传统广播剧的生产来说是一个挑战，但对整个广播剧的发展来说却是开辟了一个新的世界，是未来广播剧发展可以依靠的重要力量。网络草根创作团队的不断涌现，对广播剧的发展有积极的推动作用。一方面，大量优秀的广播剧剧目的出现，使得广播剧这样一种传统的广播文艺样式能够受到年轻群体的关注，借助这些广播剧的制作和播出，可以逐步培养新兴的广播剧收听群体，扩大广播剧的影响力。另一方面，网络广播剧以及手机微广播剧等的创作，让普通大众能够参与到广播剧作品的创作之中，使广播剧的创作能够真正回归普通大众的日常生活，关注普通人的生活，反映普通人的生活，这是未来广播剧创作取之不竭的动力源泉。

因此，未来的广播剧发展中将会出现两支重要的创作队伍，一支来自广播电台、专业制作公司，它们拥有生产具有精品意识、示范作用的广播剧经典作品的能力；另一支来自普通大众，每一位听众都可以成为创作者，将自己的生活、自己所关注的内容制作成广播剧，上传到网络进行传播，他们将成为广播剧制作队伍最具活力的群体。

（四）“行内”与“行外”资源共享

当下，还有一个重要的障碍限制广播剧的发展，这就是各地区广播频率之间缺乏联动。一直以来，各地区电台为了评奖等需要，生产了大量广播剧，而这些作品除了在自己台的电波中偶尔播出外，就只在评奖会上专家的评论中被提及，作品的二次流通、再传播非常有限。从全国范围来看，虽然广播剧精品的数量巨大，然而这些作品分散在各个地方台，因此，这些广播剧资源亟须得到有效整合和推广，这样才能真正发挥作用。而这样的整合和推广需要满足两个条件：第一个条件是借助统一的管理组织对作品进行统筹，并做好分类归纳工作，建立广播剧资源共享库。各地方台将广播剧资源进行共享主要面临的困难在于广播剧的使用权和未来收益分成等问题，能否妥善解决这些问题将是统一的广播剧资源库能否顺利建成的重要因素。第二个条件是各地方电台是否可以提供有效的播出时间段来播出这些广播剧。这一条件的实现看来要比第一个条件的实现难得多，目前大多数电台频率节目板块都已固定，以服务类、伴随性节目为主，播出广播剧这样的欣赏性节目则需要挤占原有的节目时间段，而节目大多是与广告商绑定的，在这样的格局下，如何推动广播剧的共享播出仍是一个挑战。按照目前的电台运营模式，将广播剧作为一项优质节目资源与广告进行捆绑营销或许是其中一个破局之法。

在今天这样一个多屏时代，大众也成为广播剧制作的参与者。未来，广播剧的资源共享就不仅是广播电台内部的共享，它还面临着传统广播台与互联网、新媒体平台的共享和资源整合。从目前的实际操作来看，各地市的广电集团大都已经建立了自己的网络和新媒体平台，优质广播剧也都可以在这些平台上播出，内容的共享目前已基本实现。然而，要想真正利用广播电台之外的网络和新媒体平台，单纯做到这一点还是不够的，还需要更为深层次的共享，这就是媒体播出资源和网络播出资源的共享，即实现“广播电台广播剧与网络平台共享”“网络平台广播剧与广播电台播出资源共享”这样两个共享，后者的共享更为关键，开放传统媒体资源用于大众广播剧的播出和推广，将网络、新媒体等年轻的创意和新鲜的气息引入传统广播电台，这将是未来广播剧真正能够占领新一代听众阵地的必由之路。

随着我国步入家用汽车时代，广播的伴随性接受特点使得车载收听成为人们获取信息、获得娱乐的重要方式，广播迎来了新的发展机遇。同样是在这一个时期，作为广播文艺象牙塔尖的宝石——“广播剧”的发展却还处于困境和彷徨之中。未来，广播剧的发展需要坚守与突围，需要一群执着的广播剧人锲而不舍地坚守这块神圣的领地，需要广播剧作品永葆自身的艺术特色和个性魅力，需要传统广播媒体坚守广播剧播出的窗口。广播剧的未来发展更依赖于突破创新，引入市场机制创作出符合大众需求的日常化广播剧作品，拓展新的媒体平台，打造适应新媒体需求的新型广播剧，培养具有广泛参与性的大众创作的土壤，建立多元化的创作队伍、播出平台、运作机制，实现多方协同，共同推动广播剧前行。曹禺先生说过："我认为广播剧的前途是无限的。尤其在我们的祖国。它有很强的生命力。"[1] 我们有理由相信，在中国这些优秀广播剧人共同的努力下，广播剧的未来发展会更好、会大有前途。

① 朱宝贺、宋家玲主编：《广播剧选》，中国戏剧出版社1981年版，第204页。

第三部分　数字音频艺术的审美教育

第六章　声音艺术的审美教育

一、我国思想家的音乐审美观

关于美育的研究在中西方艺术发展史中都有着非常丰富的记录和成果。孔子强调礼乐治天下，礼是外在的、可以执行的规范，主要是指周朝初期周文王制定的《周礼》，孔子生活的春秋时期，诸侯势力日渐坐大，各诸侯之间围绕土地、人口等资源展开了连绵不断的战争，因此，孔子希望通过恢复“礼制”来重建社会秩序。然而，孔子也看到了单纯的外在束缚和规范还不能够让社会重新回归到先前的状态，因为社会的是由人来组成的，只有改变人这个社会主体，才能恢复到和谐的社会体系，让君王以仁爱之心关爱臣民，父子兄弟夫妻之间和睦相处。孔子看到了音乐的审美教化作用，认为音乐可以劝人向善。在《论语・泰伯》中，他提出了“兴于诗，立于礼，成于乐”的教育思想[①]，这表明他对音乐在完善个体人格和修养方面是高度认可的。当然，孔子所倡导的音乐并不是所有的音乐类型，而主要是能够促使人们向善、使人平和安宁的音乐。孔子对《韶》乐的评价极高，他认为《韶》乐“尽美矣，又尽善也”[②]。《论语・

① 曾铎：《中国诗学・历代经典诗词曲鉴赏》，百花洲文艺出版社2003年版，第27页。

② 林定川编撰：《孔子语录》，杭州大学出版社2015年版，第68页。

述而》说，“子在齐闻韶，三月不知肉味”①，因为《韶》乐是能够体现道德之美的音乐，能够劝人向善。相比之下，孔子对《武》乐的评价是“尽美矣，未尽善也”②。他承认《武》乐在艺术形式上也达到了很高的水平，但在内容方面却有所不足。《武》乐是歌颂周武王伐纣的故事，虽然事情本身是正义的，但是毕竟歌颂了战争，在内容上就违背了善这一个宗旨。

在儒家学派中，孔子之后的荀子也有着许多关于音乐的论述，他对于音乐的论述不仅强调了音乐与人的情感、道德之间的紧密联系，而且突出了音乐在社会教化、和谐稳定等方面的积极作用。“夫乐者，乐也，人情之所必不免也，故人不能无乐。”这句话强调了音乐与人的情感之间的紧密联系，认为音乐是人情感表达的一种必然方式，人们无法摆脱对音乐的需求和享受。“乐则必发于声音，形于动静，而人之道，声音动静，性术之变尽是矣。”荀子认为，音乐通过声音和动作来表达人的情感和思想，它反映了人性的变化和道德的发展。在他看来，音乐可以帮助人们突破语言和文化的隔阂，促进良好的沟通和理解，调节人们的心情，宣泄怨恨，将人们带入一种崇高的境界。与孔子一样，荀子也是反对“夷俗邪音”和“郑卫之音”的。“郑卫之音”是指流传在郑国和卫国的民间音乐，不同于朝廷用的雅乐，它保留了具有浓郁商代音乐风格的民间音乐，热烈奔放、生动活泼，较多地保留了商代音乐优美抒情、色彩华丽的特点，富于浪漫气息。荀子认为这样的音乐不利于表达儒家所倡导的“中和之美”。

儒家在音乐理论总结中最具代表性的著作是《礼记·乐记》，这部作品系统地阐述了音乐与社会道德、国家治理之间的关系，强调了音乐的社会作用。《乐记》中说：“是故治世之音安，以乐其政和；乱世之音怨，以怒其政乖；亡国之音哀，以思其民困。声音之道，与政通矣。”③ 强调不同时代、不同政治体制下的社会状态会通过音乐呈现出来。

先秦诸子百家中还有一位探讨音乐的审美教育的人，他就是墨子，他对音乐是持否定态度的。他发现统治者追求音乐，认为这样一来，统治者会沉迷于享乐，影响他们治理国家，因此，欣赏音乐是统治阶级生活糜烂

---

① 林定川编撰：《孔子语录》，杭州大学出版社 2015 年版，第 69 页。

② 林定川编撰：《孔子语录》，杭州大学出版社 2015 年版，第 68 页。

③ 吉联抗译注：《乐记》，音乐出版社 1958 年版，第 3 页。

的一个信号。

与儒家学派同样具有深远影响力的道家学派也有很多关于音乐的理论，特别是音乐的审美教育理论。道家创始人老子认为，道法自然，自然中蕴含着最高的美。其《道德经》中说“大音希声”，认为音乐有助于人们感受自然的大道，音乐中蕴含着“自然、和谐、统一”等思想，是陶冶人的性情的重要方式。在《道德经》第十四章中，老子还提到“听之不闻名曰希”，人们通过欣赏音乐可以超越感官的局限，进而发现事物的本质，体会到道的真谛。老子关于音乐与道的关系，为后来的美育教育发展提供了理论基础。

在老子之后，道家的另一位代表人物是庄子，在他的著作中也蕴含着丰富的音乐审美教育思想。相对于老子的注重自然，庄子更强调精神世界的自由，推崇追求自由自在、超越现实、追求真知和追求与自然的和谐等。他提出了“心斋”和“坐忘”等修炼方法，通过这些方法，人们可以逐渐摆脱现实的束缚，实现内心的自由和平静。关于音乐的功能，庄子的《齐物论》中有一段他和子游的对话，子游曰：“地籁则众窍是已，人籁则比竹是已。敢问天籁?”子綦曰：“夫天籁者，吹万不同，而使其自已也。咸其自取，怒者其谁邪?”[①] 这一段话，对比了三种不同的声音，地籁指自然中已有的声音，人籁是人们创作的声音，天籁则是超越了客观世界的声音，是道的呈现。庄子将音乐视为一种与自然、宇宙以及人的内心紧密相连的艺术形式。在他的哲学思想中，音乐不仅仅是声音的组合，更是传达天地之道、人情之常的重要媒介。在谈到音乐的功能时，他延续了“无为而治”的思想，提倡在欣赏音乐时，不强求、不刻意表现主题和情感，让听众自己感受音乐的节奏和韵味，进而达到更高的审美体验。他认为，应该排除音乐的功利性，感受音乐本身的形式之美，通过音乐来达到更高的精神世界。

魏晋时期的嵇康崇尚老庄，称“老子、庄周吾之师也”。[②] 他写下了对音乐进行系统总结的《声无哀乐论》，以对话辩论的形式，批评儒家的音乐教化功能，认为儒家学者片面夸大了音乐与社会的关系，而忽略了音乐本身的形式之美。他认为“音声有自然之和，而无系于人情”，人之所

① 南怀瑾：《庄子諵譁》（上），上海人民出版社2007年版，第154页。

② 刘世明：《竹林七贤论稿》，中国书籍出版社2019年版，第72页。

以会对不同类型的音乐有不同的感触，是因为人心本身就有这些情感，声音只是一种媒介，它只是唤起了人内在的感情，并非声音本身蕴含着社会情感。他提出“哀心藏于苦心内，遇和声而后发”，人实际感受到的只是自己内心的悲哀而已。

在中国思想史和艺术史上另一个重要的学派就是禅宗，它也是中国艺术创作的精神导师之一，对后世很多艺术家和理论家的观念产生了影响。禅宗在佛教已有的思想体系中吸纳了儒家和道家的一些思想。禅宗的经典名句“直指人心，见性成佛”就很好地体现了中国人对佛教思想的吸收与改造，“成佛”是最终目的，但是传统佛教的成佛之路过于艰难，让人看不到希望，而禅宗将人们成佛的道路简单化了，可以通过“禅修”“冥想”等方式完成内心的“顿悟”，从而获得“智慧”，进而成佛。禅宗著作《六祖坛经》中有“非风动、非帆动，仁者心动”的观点[①]，强调了修行者应该摒除内心杂念，保持清净和平静，这是禅宗所倡导的审美方式。禅宗有一句著名的禅语：“声闻悟道证菩提，色相皆空幻不实”，意思是，在声音中蕴含着无穷无尽的大道，它是修行者参禅悟道的途径。可以看出，禅宗的音乐审美教育思想受到老庄哲学的影响更大，在禅宗看来，音乐的美不仅在于外在形式，更在于其内在蕴含的精神世界，音乐可以激发人的情感，提升人的感悟能力，达到与心灵的交融。在音乐审美中，禅宗强调“顿悟”，人们瞬间领悟音乐的本质和内在美妙之处，进而领会大自然之道。

明代徐上瀛是一位音乐演奏和理论修养兼备的艺术家，他的《溪山琴祝》是中国古代重要的音乐艺术理论著作。在这本书中，他将古琴的技艺与自然的关系、与人生的哲理相融合，形成了自己的古琴艺术理论体系。徐上瀛主张“淡和”，认为古琴音乐应该追求一种淡泊宁静、和谐自然的境界。这种境界不仅体现在音乐的音响效果上，更重要的是它通过演奏者的内心情感和精神状态来传达。“稽古至圣，心通造化，德协神人，理一身之性情，以理天下人之性情，于是制之为琴。其所首重者，和也。”[②] 在他看来，古琴的“和”之美，既是旋律节奏的完美融合，并形成优美的韵律，同时也表现了内心的宁静、平和。演奏古琴的时候，要摒

① 南怀瑾：《禅宗与道家》，复旦大学出版社 2007 年版，第 41 页。

② 杜兴梅：《中国古代音乐文学精品评注》，线装书局 2011 年版，第333 页。

弃杂念，专注于音乐本身，这样才能做到情感与内心的统一。在音乐的审美教育方面，徐上瀛还认为音乐对丰富人的精神世界具有重要作用，演奏古琴可以修身养性、陶冶情操，使人达到超凡脱俗的境界。

近代教育家、著名美育学者蔡元培对音乐的美育功能也有过阐述，他提出了“寓美于乐”的思想，这是他美育思想的重要组成部分。蔡元培认为，音乐是美育的重要组成部分，是开展美育的重要形式之一，它有着自己独特的艺术魅力。通过将审美教育与音乐娱乐相结合，以音乐的形式美，传递情感，激发人的内在感受力，进而净化人的心灵，提升人的审美品位。在具体的音乐审美教育中，他提出可以通过音乐激发人的情感，净化人的心灵，提升人的审美品位，从而在无形中达到教育的目的。蔡元培提倡在学校的审美教育中，可以通过音乐欣赏课程、参与音乐表演活动等方式，让学生在感受美的同时，培养对美的感知力和理解力。通过将美育中的音乐教育与美术教育相结合，让人们在轻松愉悦的氛围中发现美、欣赏美、创造美，进而达到提升人的全面素质的目的。

二、西方学者的音乐审美研究

西方学者关于声音艺术的审美教育研究也是非常丰富的。古希腊的毕达哥拉斯学派是比较系统地研究和阐释音乐的学派，这一派的主要成就体现在数学上，他们认为世界万物的核心在于数的关系，并由此发现了日后对艺术理论有重要影响的形式定律：黄金分割率。关于音乐，他们认为音乐也具有数的关系，通过测量琴弦的长度，发现不同音程中的音与音之间存在着特定的数学关系，如八度音程的弦长比例为2 ：1、四度为3 ：4、五度为2 ：3 等。这些研究证明了音乐美的本质是和谐，而和谐的产生取决于理想的数量关系。通过对音乐的进一步研究，毕达哥拉斯学派提出音乐与人的情感、性格之间存在关联。好的音乐可以净化人的心灵、完善人的性格。人们可以借助音乐进行治疗，发挥音乐治愈的作用，涵养人的脾气和情欲。音乐也可以用于教育，有助于培养管理国家、社会组织所需的优秀道德的人。他们提出“不能制约自己的人，不能称之为自由的人”[①]，

---

① 魏长松：《轻松读懂哲学知识》，中国城市出版社 2012 年版，第 319 页。

在音乐中，自律表现为对音高、节奏以及和声等元素的精确控制，以达到和谐的效果。同样地，一个不能自我约束的人其音乐创作或演奏可能无法达到预期的和谐效果。

古希腊著名哲学家亚里士多德也有关于音乐审美教育的经典表述，他认为艺术史起源于模仿，音乐作为一种艺术形式也是如此。他在《诗学》第一章中就提出："史诗和悲剧、喜剧和酒神颂以及大部分双管萧月和竖琴乐——这一切实际上都是模仿，只是有三点差别，即模仿所有的媒介不同，所取的对象不同，所采用的方式不同。"[①] 在他看来，音乐是情感的艺术，能够表达和激发人的情感，音乐的节奏和旋律也能够模仿人的情感和性格。通过音乐的表现，人们可以感受到情感的波动和变化，音乐通过模仿现实世界，创作出一个与现实世界相似的艺术世界，而这个艺术世界经过加工和提炼，比现实世界更加真实，它有助于人们认识和理解现实世界。在悲剧中，音乐不是独立存在的，而是作为一种手段与戏剧紧密相连，为悲剧的主题和情感表达服务。

古希腊著名的音乐理论家阿里斯托克塞努斯编写了《论音乐》，这是一部较为完整和系统的音乐艺术理论著作，遗憾的是，这本书流传至今只剩下了一些残篇，不能完整地展现他的声音艺术理论思想。在著作中，他对音高、音程、旋律和节奏等方面进行了探讨，批评了毕达哥拉斯学派将音乐完全还原为数学比例关系的做法，认为这种做法忽视了音乐的实际听觉经验，强调应该通过听觉来辨识音乐的旋律，而不是数学的梳理关系，提倡从听觉感受中感悟音乐的原理和规律。在这本著作中，他还提出了"旋律是音乐的本质"的观点，认为旋律是音乐中最基本、最重要的元素。这一观点对后世音乐创作和理论产生了深远的影响。

德国美学家席勒在《审美教育书简》中也提到，音乐教育是审美教育的重要组成部分，通过音乐教育可以培育人的感性和理性能力，达到人格的完善。他认为每个人都经历过感觉和知性之间的冲突，只有能够在感性冲动和理性冲动之间取得平衡的人，才是发展完善的人。在这个框架内，音乐作为艺术的一种形式，具有独特的审美教育价值。

德国作曲家、音乐教育家卡尔·奥尔夫创建了奥尔夫音乐教育体系，

---

① ［古希腊］亚里士多德：《诗学》，罗念生译，上海人民出版社 2005 年版，第 17 页。

倡导“原本性”的音乐教育。他的代表作《学校儿童音乐教材》也被称为《音乐教程》，是展示其音乐教育体系的核心教材，体现了他的原本性音乐教育理念，引导人们走向音乐的原本力量和原本形式。“我的教育体系所持有的一切观念，不过是关于一种原本性的音乐教育观。什么是原本的音乐呢？它不是单独的音乐，它是和动作、舞蹈、语言紧密结合在一起的一种人们必须亲自参与的音乐。”① 他认为音乐是和动作、舞蹈、语言紧密结合在一起的，是一种人们必须自己参与的音乐，而且人们参与这种音乐教育不是以听众而是以演奏者的身份进行的。原本性音乐是接近土壤的、自然的、机体的，能为每个人学会和体验的，非常适合儿童的。他主张在所有的音乐教育实践中，都应该以人文本，诉诸感性，强调学习者情感的自然流露，借助音乐达到教育人、发展人、提升人的根本目的。②

近代西方研究声音审美特别是音乐的审美教育的学者更多，形成的相关理论体系也更加丰富。H. 里曼（Hugo Riemann）是 19 世纪末 20 世纪初德国著名的音乐学家和音乐美学家，他强调音乐与情感、想象和体验之间的联系，认为音乐是一种表达内心情感的艺术形式。A. O. 哈尔姆（Arnold Otto Harms）是 20 世纪初德国的音乐学家和音乐美学家，他在著作《音乐中的两种文化》中提出了一个核心概念，即音乐中存在两种对立但又互补的文化：主观文化和客观文化。主观文化强调音乐作为个人情感表达的手段，与个体的内心体验紧密相连；而客观文化则注重音乐作为社会交流和共同体验的工具，与社会的文化传统和习俗相关。两种文化在音乐审美中相互作用，互相影响，音乐教育应该尊重这种差异。

D. 库克（Donald Francis Cook）是 20 世纪中叶美国著名的音乐学家和音乐美学家，他在著作《音乐的语言》中提出了一个核心观点，即音乐与语言在结构和表达上存在着相似之处，可以相互借鉴和贯通。他认为音乐是一种符号系统，类似于语言，具有自己的语法和语义规则。通过深入研究音乐的结构和要素，可以更好地理解音乐的表达和意义。

把声音作为独立的审美对象进行研究，而不是以音乐来代替所进行的

① 转引自王丽新：《奥尔夫音乐教学法的本土化研究》，东北师范大学博士论文，2012 年，第 31 页。

② ［德］古尼尔特·凯特曼：《奥尔夫儿童音乐教学法初步》，廖乃雄译，安徽文艺出版社 1987 年版，第7 页。

研究相对比较晚。在艺术理论研究中，除了独立的语音艺术类型如广播剧、音频剧、有声读物之类的研究，重点还是声音装置艺术的审美教育，前文已有专门章节对此进行了阐述，在此主要补充一下作为装置艺术类型的声音艺术如何发挥审美教育的功能。

萨拉·范·德·波尔是伦敦艺术大学（University of the Arts London）中央圣马丁艺术与设计学院的声音艺术与设计课程的高级讲师，也是声音艺术家和研究者，她对声音和听觉的探究，不局限于音乐或传统的艺术范畴，而是涵盖了日常生活中声音的各个方面。她探索了声音如何与我们的身体、情绪和社会环境相互作用，以及声音如何塑造我们对世界的感知。她的工作也涉及声音装置艺术，研究声音如何在空间中传播和变化，以及观众如何体验和解读这些声音。

彼得·绍斯塔克（Peter Szendy）是法国哲学家、文学理论家和音乐学家，他在声音研究、音乐哲学和艺术理论方面做出了重要贡献。他认为，声音是一种特殊的存在，它既有物理性质，又与文化和社会实践紧密相连。绍斯塔克强调声音的多维性和复杂性，并指出声音在空间、时间和文化语境中的变化和流动性。在声音装置艺术方面，绍斯塔克拥有一种跨学科的视角，认为这种艺术形式能够通过声音和空间的关系创造出独特的审美体验。他强调声音装置艺术在探索声音、空间与身体之间的互动以及观众感知方面的潜力。

在近当代中国学者中，也有许多研究者将声音艺术的功能与人的审美教育联系起来。著名美学家宗白华先生就提出，音乐可以帮助人“由美入真”，探索生命节奏的内在含义。他强调音乐的审美不仅仅停留在听觉享受上，更能够触及生命的本质和灵魂。当代另一位美学家蔡仪先生则将音乐与形象感知、音乐与情感表达相关联，他认为音乐有助于唤起人们的形象认知。例如，听到鸟鸣可以使人想象出鸟的形象，听到水流声可以使人想象出水流的形态。这表明，音乐虽然不直接呈现形象，但可以通过听觉引发听者的形象联想。不仅如此，音乐还可以表现人的内在情感和意趣。在他看来，真正的音乐审美体验应该包含对音乐作品所传达的情感意趣的深刻领悟。

研究中西美学比较的朱光潜先生也对音乐等声音艺术的审美功能和审美教育开展过研究，他认为，音乐作为一种艺术形式，与实际生活的距离较远，因此更具美学价值。这种距离使得人们在欣赏音乐时，能够跳出实际生活的束缚，体验到一种纯粹的美感；与其他艺术形态相比，音乐更具有纯粹性和抽象性，更利于表达情感和意义，更加自由，能够给予听众广阔的想象空间。在审美教育方面，朱光潜提出，音乐审美教育是德育的基础，能够让人释放情感，保持心理健康，进而推动人们追求自由，音乐通过其独特的审美意象构建和审美情感表达，触动听众的审美内在情感，从而发挥审美教育的功能。这一观点与古希腊亚里士多德的净化说有一定的关联，但其思想体系更加完整和丰富。

第七章　电视动画声音设计中的审美特性解读

动画作为影视艺术的类型之一，其基本的语言构成与真人影视作品有许多相似之处，从最初将绘画作品翻映到胶片上，到今天借助电脑实现CG动画制作，动画讲故事的方式、画面内视听语言的运用技法等，都与真人影视作品的视听语言相吻合，并保持同步发展。但是，作为一种完全虚拟化的视听内容呈现，动画在近百年的发展历史中，从一开始就有着自己的视听语言特色，特别是在声音设计方面，与真人影视作品可以采取同期收音的方式不同，动画作品的声音设计完全是在后期由声音导演设计形成的，而这种从零开始的设计方式，配合动画本身的视觉语言特色，造就了动画声音设计自身的特性。尤其是在电视动画领域，因为播放媒介的独特性，使得电视动画首先需要以“量”取胜，以快速、工业化的生产机制满足电视动画的生产播出需求，在这种制作方式下，声音设计尤为重要，从早期以音效设计为特色的美国电视动画片《猫和老鼠》、以音乐表现为特色的苏联电视动画片《兔子等着瞧》，到日本动漫时期以对白为主的漫画式电视动画《圣斗士星矢》、中国3D电视动画《熊出没》等，电视动画在几十年的发展历程中，动画声音设计逐步摆脱了真人实景影视语言的限制，形成了与动画制作相匹配的声音设计样式，进而形成了不同的审美特性。

一、电视动画声音设计的虚拟化审美特性

（一）非现实性题材为电视动画声音虚拟性设计提供了广阔空间

相较于真人演绎作品，电视动画中的场景和人物都是虚假的，具有时空的假定性特征，是一种虚拟性审美。按照现代汉语的解释，“虚拟”主

要指离开实在事物的模拟与想象。作为一种审美概念，德国著名哲学家沃尔夫冈·韦尔施在（Wolfgang Welsch）《重构美学》中有这样的表述："讲到客观世界的技术决定因素和社会现实通过传媒的传递，'审美'归根到底是指虚拟性。"[①] 在这里，韦尔施指出了审美性与虚拟性的内在联系。

在电视动画领域，虚拟性特征首先体现在题材上。动画作品擅长表现神话、童话、动物以及玩具等非生命物体，通过对象的"拟人化"方式，赋予无生命物体"人"的属性，进而演绎出充满人情味的奇幻故事。以电视动画领域最常见的神话题材为例，在确定虚拟角色的形象之后，声音的设计就需要从零开始，根据角色设定和场景特征来设计可能会出现的声音信息和与角色相匹配的声音形象。这就可能带来一种情况：即使是同一个角色，因为没有现实作为依据，最终的声音形象差异很大。针对虚拟性角色的声音设计，导演可以自由地进行二次创作，创作出符合导演意图的角色声音属性。

中国的"十二生肖"是多次被搬上电视屏幕的神话题材。1993 年，上海美术电影制片厂制作了 13 集的动画片《十二生肖》，无论是主角 12 种动物，还是作为反面角色的 12 个妖怪，它们的声音设计都参照了真人影视作品的配音方式，通过声音形象的反差来强化不同角色的声音特性，英雄人物的声音往往更加干净，充满力量感，而反面角色的声音则参考传统电影中的反派，或沙哑，或尖刻，并加以夸张处理，带有明显的舞台感，声音设计的整体风格偏向于成人化；而日本在 1995 年也以十二生肖为原型，创作了《十二生肖守护神》系列动画片，片中，十二生肖被设计成不同性格特征的 12 个精灵，以传统的正义与邪恶对战的模式，将一些经典的童话和神话故事融入其中，包括《龟兔赛跑》《小红帽》《西游记》《灰姑娘》等，创造出一个个现代版的童话神奇世界。在声音形象的设计上，这一版本的声音特点偏向于儿童化；而且作品中的声音设计延续了日本漫画的风格，对声音与画面采用双线呈现的方式，大多数时候画面本身信息有限，转而以定格或者画面内镜头的移动为主，将大量的对白、音乐和旁白作为主要手段，推动故事的情节展开。

---

① ［德］沃尔夫冈·韦尔施：《重构美学》，陆扬等译，上海译文出版社 2006 年版，第 14 页。

2010年，深圳华强数字动漫公司拍摄了《十二生肖总动员》，之后又陆续推出了《十二生肖快乐街》《十二生肖闯江湖》等共3部3D动画系列片，共计300多集。该系列作品是以3D动画的形式呈现，融合了中国的武侠文化，声音设计风格上更加多元和专业化，每一个角色的声音设计也更具针对性。考虑到儿童观众的认知特性，每一个角色的声音识别度都很高，具有标签化特色。在背景音乐设计方面，加入了许多中国传统乐器演奏的片段，与中国的神话题材风格更加吻合。

（二）叙事画面的非完整性促进了电视动画声音设计的虚拟性表现

电视动画声音设计中的虚拟性特征还受到故事场景和角色制作的限制。电视动画的制作是以关键帧为基础，选择一个场景中的关键动作确立关键帧，然后根据动作的需要补足前后画面，这样的设计使得电视动画在叙事过程中是不完整、不连续的。

日本电视动画制作多采用“两格拍摄法”（每秒12张）和“三格拍摄法”（每秒8张），后者则更为常见。这种制作画面的方法大大节省了制作成本，提高了制作效率。缺点是画面单调和动作不完整。在与画面进行声画对位处理时，需要借助大量的虚拟语气词来帮助作品中的人物表达情绪。在实际制作中，在人物对话环节，画面中主体画面信息不变，仅有人物口型的变化。因此，为了有效传递信息，情节中大量的推进和暗示等环节都需要通过角色的语气词来填充。例如，遇到疑问的时候都会有“嗯”“咦”，遇到意外的事情总会有“啊”“呀”，等等，这些充满情绪的语气词让作品的整体感受更加低龄化。语气词在真人实景作品中并不会如此频繁地出现，因为在实景演出中，真人的动作、表情，环境变化，环境中的诸多细节，等等，都可以发挥为观众补充观看信息的功能，这是真人实景影视作品的优势。而动画作品的场景信息较为简单，特别是新的3D动画，动画场景一旦制作完成，需要在故事中反复使用，从而降低制作成本，提高电视动画生产效率。此外，在电视动画作品中，动画角色的表情也是较为单一的，制作人员会根据剧情推演的需要设计出相应的喜怒哀乐的情感画面，供导演在故事推衍中调用。因此，大量的信息传递只能依赖于声音的设计，这就造成了电视动画的声音设计往往会脱离画面而自成一套叙事系统的问题。

二、电视动画声音设计中的类型化特性及其局限

电视动画声音设计的类型化特性受到了漫画的影响。如对中国动画影响比较大的日本、美国等动画，它们的动画制作特别是电视动画的制作基础往往来自漫画。以日本为例，日本是世界上最大的漫画书制作国，每年约有20亿册漫画书和杂志进入市场，读者范围覆盖各个年龄阶层。日本的许多知名电视动画作品如《机器猫》《聪明的一休》《灌篮高手》《龙珠》等都是先以漫画书的形式来呈现的。在进入电视动画制作前，很多漫画作品已经拥有了庞大的粉丝群体，读者对作品的人物形象和场景信息已有初步的审美记忆，在进行电视动画创作的时候，创作者更多的是根据原有的漫画原作中的文字内容主线进行二次创作，形成声音信息，重塑出一个与原作相关度高且更加丰富的视听故事系统。漫画的阅读不同于电视的收看，它是一个非线性的过程，读者在阅读过程中需要投入更多的精力，参与阅读形象的构建。接受美学家沃尔夫冈·伊瑟尔（Wolfgang Iser）将这种现象称为“文本的召唤结构”，这种召唤结构来自文本中的“空白”和“为定点”，在阅读过程中，“读者自己把‘空白’填上，把未定点确定下来，把情节接上。除情节外，在人物性格、对话、生活场景、心里描述、细节等各个方面，文学文本都有、也应有许多‘空白’和未定点，它们是吸引和激发读者想象来完成文本、形成作品的一种动力因素”[①]。这种阅读体验是基于漫画的文本阅读，读者在阅读漫画时会根据书中已经明确的视觉形象，结合自己已有的阅读经验和审美记忆，构建起与视觉形象相对应的声音形象。如反面角色的声音形象会参考以前影视动画中的某一个角色风格，正面角色也会借用自己熟知的某一部影视动画的角色形象声音特征，并在阅读过程中固化这一形象，这就造成角色声音形象的类型化束缚，这样的束缚也会影响到后期进行影视化制作中的声音设计。因此，摆脱类型化的角色定位，塑造每一个故事中的典型形象，包

① 蒋孔阳、朱立元等主编：《西方美学通史（第7卷）二十世纪美学（下）》，上海文艺出版社1999年版，第310页。

括独特的声音形象，这是优秀电视动画制作过程中需要解决的问题。

（一）收视对象低龄化推动电视动画声音设计的类型化处理

无论是早期上海美术电影制片厂制作的二维剪纸动画，还是日本的手绘动画，以及华强动漫出品的3D动画形式，三个版本的“十二生肖”题材虽然相似，但三部作品中的所有场景和角色形象都是动画团队的二次创作，是完全虚拟的场景和全新角色，不同版本故事之间的差异性非常大。在这几部电视动画作品中，特别是对于龙、年、邪灵等神话中虚构的角色处理上，考虑到受众对象年龄及阅读能力等因素，设计声音时都以高度概括性和标签化的方式加以处理，让儿童观众可以更好地通过声音来识别角色的特性，区分正义与邪恶，并形成清晰的记忆。例如，《十二生肖守护神》中的“龙”的身份定位是一名战士，取名多拉，擅长喷火召雷，性格比较温和，说话很少，是有思想的智慧形象；《十二生肖闯江湖》中的“龙”取名龙震天，该角色被设计成天生羸弱、缺乏自信的形象，经过成长变成了真龙，成为一名勇士，角色声音清脆、干净；而“年”“邪灵”等则根据善恶对立的处理方式，设计成反派角色，他们的声音低沉、浑浊，并通过有意识地拉长发音、增加混响的方式营造出一种恐怖的氛围。

（二）类型化审美方式导致电视动画观赏性不足

电视动画作品中的角色声音具备类型化特征，创作者会根据角色的身份和性格定位给予特定的声音类型，使得动画中的不同角色具备较高的类型识别度。虽然这样的创作方式有助于受众迅速了解剧情，记住不同角色，但同时也导致了非常明显的同质化问题。例如，反面角色的声音往往缺乏个性，不同作品中，反面角色声音类型表现形式单一，缺乏个性差异，容易引起审美疲劳。这种类型化特征不同于文学创作中所说的普遍性特征，普遍性是从无数事物中抽绎出来的一种共性，类似于希腊哲学家亚里士多德提出的“典型”，而电视动画片在声音设计中的类型化，其背后原因是电视的快餐性生产机制，它更具有“类型”的特征。亚里士多德在《修辞学》第二卷中有过类似的比较：“典型的普遍性是符合事务本质的规律性，类型的普遍性只是数量上的总结或统计的平均数。”[①] 因此，电视动画声音设计的类型化带来的直接后果是电视动画片的品质不高，观众受众层面偏向于低龄化，降低了家长陪伴孩子一起观看电视动画的兴趣，同时也让成年人产生儿童电视动画都是粗制滥造的印象。因此，对于电视动画制作而言，要提供优质的动画作品来黏合家长和儿童两个群体，让家长更乐于与儿童一起观看电视，分享电视动画作品带来的视听愉悦，而这些都离不开优秀的声音设计的支持。

（三）以典型化弥补类型化的不足，提升电视动画的吸引力

在中国电视动画发展历史中，电视动画的声音设计也是发展的，也有过一些优秀的电视动画声音设计精品。一些原创的优秀电视动画作品受到观众的喜爱，即使历经多年，仍然能吸引不同时期的儿童观看。

1987 年上海美术电影制片厂推出了电视动画《葫芦兄弟》，其配音和声音设计就非常成功，戴欣等团队共同完成了众多角色的配音，七个葫芦兄弟角色身份和性格各不相同，因此，在声音形象上也需要各具特色。配音团队的 3 个儿童配音员完美诠释了七人的性格差异，著名配音演员战车塑造的反派角色蝎子精的声音形象成为本部作品的经典，准确地将蝎子精的自大、狡诈和凶狠的角色形象塑造出来了，特别是标志性的笑声设计，成为该类角色声音形象的典型风格，也成为那个时代电视观众经典的审美记忆。

在引进的动画作品中，20 世纪 80 年代从日本引进的《聪明的一休》是一部观赏性高、老少咸宜的优秀电视动画，它的配音由辽宁儿童剧院完成。主角一休由李韫慧老师配音，在她的演绎下，一休聪明、可爱而又充满爱心的形象被刻画出来，特别是那一句“想一想，再想一想，有了”，再配上“叮”的一声清脆的铃声，给了一代人清晰的审美记忆，其声音形象至今仍被津津乐道。对于电视动画而言，声音角色相似，并不代表声音形象雷同、没有差别，而是需要根据这一类型人物在特定场景中的角色定位，赋予它独特的声音形象，结合角色的差异化定位来加以区分，让角

---

① 朱光潜:《西方美学史》，人民文学出版社 2003 年版，第 680 页。

色成为与故事相吻合的典型形象，给观众一种清晰的听觉记忆，为角色设计的声音形象需要更多地考虑角色的身份定位和性格定位，用声音呈现出角色的独一无二性，成为典型的听觉形象。

三、电视动画声音审美表现的简单化特性

（一）电视动画的声音设计宜简不宜繁

电视动画最主要的受众年龄段是 6 ～ 10 岁，在这一个阶段，儿童的抽象思维能力还未形成，瑞士心理学家皮亚杰把这个阶段儿童的思维方式称为“具体运行阶段的思维”，“也即是对于能够看到和感觉到的事物所使用的逻辑思维。这种思维出现在孩子想要判断对错的时候”。[①] 这一时期的儿童还不能对复杂的人物关系和环境变换形成清晰的逻辑判断，电视动画所提供的视听信息是儿童直接判断的依据。因此，对于传播对象这样的特点，电视动画在声音设计中要遵循的一个重要法则就是声音审美的简洁性、简单化特性。在电视动画声音设计中，考虑到儿童的接受习惯和认知能力，声音信息设计应简单明了，观众通过声音就可以直接感受到作品中角色的喜怒哀乐等各种情绪。例如，在国产电视动画《熊出没》中，熊大和熊二两个角色设计是兄弟俩，熊大的声音设计更加浑厚、稳重，与剧中充满正义感、稳重踏实的形象相吻合，而熊二是一个心地善良，却又充满傻气的形象，所以声音设计上音色亮一些，偏儿童气息。

相对于真人演绎的作品，动画作品的角色会少一些，特别是电视动画作品里，主角往往相对固定，因此，声音的辨识度就显得尤为重要，儿童需要通过声音快速对应相应的角色特点，便于他们更好地理解剧情。在声音设计上要以简洁、简单为特点，这类声音会与日常生活的表达形成一定的距离，是一种将角色性格标签化之后形成的假定性的声音设计。例如《新大头儿子和小头爸爸》中，主要的角色是大头儿子、小头爸爸和围裙妈妈，三人角色的配音分别是刘纯燕、董浩和鞠萍。每一集的主要故事都

---

① ［美］本杰明·斯波克：《斯波克育儿经》，哈澍、武晶平译，南海出版公司 2007 年版，第 482 页。

是围绕这个家庭的日常生活展开的。在声音设计上，大头儿子被设定为一个小学低年级学生的角色，说话时候有典型的“奶气”，语言表达上经常用“吗”“嘛”“啊”“呀”“呢”等语气词帮助塑造出其可爱、爱提问、弱小等角色特点。而小头爸爸的声音设计却有意在他说话的时候增加一些停顿、拖音，在遇到问题的时候，会有意提高声音的响度和频率，传达出一种紧张感。

（二）借助重复的方式来形成儿童明确的审美记忆

电视动画中的角色性格变化迅速，同一角色在较短时间内会转换出不同的性格特征，这都依赖于对角色的声音设计，将角色不同状态下的声音信息进行分类，进而与不同环境相匹配。例如，《新大头儿子和小头爸爸》对围裙妈妈的塑造，在声音设计上有意识凸显了大嗓门、爱挑理的角色特点，以妈妈几种不同状态下的说话方式为蓝本，形成几套语言配音模板，在整部作品中反复出现。例如，讲道理时候的妈妈，语言委婉、娓娓道来；发怒时候的妈妈，嗓门提高，善用短句；生活日常中的妈妈，急躁而又啰唆；等等，妈妈的形象通过不同环境语境下的声音特征体现出来了。虽然《新大头儿子和小头爸爸》多达400多集，但故事内容在变化，妈妈的声音角色属性设计却始终不变，连走路、做家务等配套的音效都不变，形成了固定的风格。这种简单化、标签化的声音设计方式既降低了创作成本，同时也与儿童的审美接受习惯相吻合，成为当下电视动画片在角色声音设计的一种通用做法。一些动画作品还会将这样的声音设计有意识地重复和强化，形成了作品的特色。例如，由广东原创动力文化出品的《喜羊羊与灰太狼》，作品中最为观众熟悉的声音就是灰太狼每次失败后大喊的那句“我一定会回来的”，《熊出没》中熊大和熊二保护森林时喊出的经典不变的“保护森林，熊熊有责”；由奥飞娱乐制作的《超级飞侠》中每一集必然会喊出的“每时每刻，准时送达”；等等，这些不断重复的话语是电视动画在声音设计上的特色，它以简单、重复的方式来强化某一信息，形成作品的风格和标签。

（三）借助加法原则来丰富电视动画的声音审美特征

与真人演绎的影视作品制作不同，电视动画的声音设计是一个实施“加法”的过程。由于没有现场同步收音这一过程，电视动画作品的环境音是空白的，动画中的角色声音也是后期根据导演对角色的把握而附加进来的，因此，就电视动画而言，其声音设计是一个逐步增加的过程，语音和音效是设计的主体。目前国内一些热门的动画片，受制于电视动画制作的程序和投入等因素，声音设计总体上是非常单调的，剧情的推动和冲突转换过度依赖对白和台词，音效和背景声音的“加法”功能使用不足。即使是用到的音效，也大多采用通用的“罐装”音效，特别是数字化音效库的使用，让罐装电子音效的获取变得更加便捷，包括脚步声、开门声、撞击声、笑声、电话铃声等在内，音效库成为电视动画片中各种声音的主要来源。

以《熊出没》为例，从第一季第一集《新邻居》主角之一的光头强出场开始，光头强经典的笑声、电锯的声音、大树倒下的声音音效、熊大的吼声、打斗的音效、开枪的音效、扔东西的音效等，这些音效在之后的剧集中重复出现，缺少变化。简单的音效设计虽然在一定程度上降低了作品制作的成本，加快了制作的周期，但同时也使得作品的听觉体验上非常单调，失去了每一集作品的独立性审美特征。在这一点上，国外一些优秀电视动画的声音处理方式很值得借鉴。例如，由米高梅公司制作的长篇电视动画《猫和老鼠》系列在全世界范围内俘虏了大量观众的心，培养了大量的忠实粉丝，每一集除了故事精彩外，在声音设计上的精良和用心也是它能够被广大观众喜欢的原因。在6分钟左右一集的故事里，虽然几乎没有台词，但是丰富的动作音效和夸张的虚拟音效设计是作品质量的保证。以《老鼠罐头工厂》一集为例，在情节上虽然仍是猫在不停地追逐老鼠，但除了常规的奔跑音效外，这一集中还有大量形式多样的音效设计，配合角色的动作和行为，不同的音效形成了丰富的听觉盛宴。其中，在开场不到1分钟的段落里，作品中设计了30多种音效内容，让观众的听觉能不断获得新鲜信息。如Tom从罐头变回原形的过程，先后设计出伸出爪子、划开罐头盖、钻出身体、展开耳朵等四种不同的音效，虽设计夸张，但却诙谐有趣，既能逗人开心，又耐人回味。

当前，我国电视动画声音设计过于依赖对白推动剧情，缺少音效等其他声音手段的辅助，“加法”做得不足，直接导致了作品品质不高。对电视动画的声音设计而言，简洁并不意味着简单和单调，而应该在简洁的基础上，尽可能丰富声音信息，这样会让作品的听觉审美体验更好，有助于提升作品的品质，吸引更多不同年龄段的观众加入。

四、电视动画声音设计的夸张化审美特性

在动画声音设计中，最常见的表现手法就是夸张。加拿大谢里丹学院南希·贝曼教授在《动画表演规律》里提出：“夸张是通过绘画、描述或摹仿的方式，夸大一个人某些吸引人的特点，得到一种喜剧或怪诞的效果。”① “夸”，《说文》中的解释是：“夸，奢也，从大于声。”② “张”，《说文》中解释：“也文弓弦也，从弓长声。”③《现代汉语》解释为：“故意言过其实，对客观的人、事物作扩大或缩小的描述。这种修辞格叫做夸张。”④ 相对于电影动画以及真人实景的影视作品，电视动画在声音设计上的夸张手法更为普遍使用，在一定程度上甚至成为主要的表现手法。

（一）放大动作或行为的影响

夸张表现手法的第一种也是最常用的方式就是放大，将一个小的动作或行动产生的影响结果放大，如用明显失真的类比来展现这种放大的效果。例如，《猫和老鼠》以猫 Tom 和小老鼠 Jerry 在一起的故事为内容，每一集一个小故事，很少对白和台词，主要依靠背景音乐和音效，营造出一个个猫鼠追逐的精彩片段。在每一集故事里，用于刻画 Tom 和Jerry的各类音效具有典型的夸张风格，如当 Tom 在追逐中突然停下来的时候，

---

① ［加］南希·贝曼：《动画表演规律：让你的角色活起来》，王瑶译，中国青年出版社 2018 年版，第 26 页。

② 许慎著、段玉裁注：《说文解字》，上海古籍出版社 1981 年版，第 492 页。

③ 许慎著、段玉裁注：《说文解字》，上海古籍出版社 1981 年版，第 640 页。

④ 黄伯荣、廖旭东：《现代汉语（下）》，高等教育出版社 2002 年版，第253 页。

会采用类似汽车刹车的音效来表现，既形象生动，又夸张幽默。

（二）累积音响效果

夸张的第二种表现手法是累积，即将音响效果重复进行，通过累积相似的音响效果来放大行动的结果。例如，在《熊出没之冬日乐翻天》第十集《光头强装修》中，因为意外，光头强被油漆滑到，导致了家里设备的倒塌。本段设计为了强化破坏的效果，在一个动作之后，一连串动作连续发生，人摔倒的声音，墙上挂件掉落的声音，桌子倒塌的声音，瓶子落地的声音，一系列声效结合在一起，不断累积破坏产生的影响，放大了一个意外动作产生的结果，借助这种夸张方式，形成影片的戏剧效果。

（三）放大声音信息

夸张的第三种表现手法是对画面中的声音信息直接放大。在电视动画作品中，人声、音乐和音效的设计与真人影视作品并不同，为了渲染气氛，往往会将背景音乐、音效等声音手段的效果放大，压过人声，以激昂的音乐形成氛围效果，从而达到夸张的听觉体验。这种处理方式在日本电视动画作品非常常见。以《十二生肖守护神》为例，作品中经常会出现定格等画面处理方式，在画面定格时，往往会将动作音效或者设计的情绪性音效放大，形成一种强烈的听觉刺激，引起观众的注意。同时，单一声音信息源的放大，又能起到提醒的作用，借助夸张的声音让观众对剧情内容进行联想，进而补充画面的叙事内容。例如，日本20世纪70年代制作的《聪明的一休》中，一休和尚每当遇到困难就会入定冥想，然后“叮”的一声，表示一休想到解决问题的办法了，这种音效的设计，借助突然的声音刺激，能够提醒观众，进而推动剧情的进一步发展。

夸张作为一种表现手法，其重要的艺术效果之一就是变形，即改变我们对原始形象的认知，进而产生一种陌生感，同时，新获得的形象又具有原始形象的特征，产生了“熟悉的陌生人”的效果。因此，在电视动画作品中，成功的声音设计中运用的夸张手法往往让观众在捧腹开怀的同时，又觉得设计合理。例如，《猫和老鼠》中用汽车刹车的声音来表示奔跑动作的快速停止，既产生了夸张幽默的效果，其内在的逻辑上又具有一定的合理性。韩国电视动画《贝肯熊》系列在声音设计上也大量采用夸张手法，以拟真的方式来展现动作的效果，例如第一季第二集《偶遇外星人》中，在外星生物将电视发射天线扣到贝肯熊头上、通过发射电流让电线发射无线电信号出去的段落里，电流的形象以“滋滋声”替代，无线电的发射以“广播调频”的声音代替，形象既夸张又幽默，与画面匹配在一起，充满趣味。

作为声画一体的作品形式，声音设计的作用在电视动画制作里应该得到足够的重视，巴拉兹·贝拉（Béla Balázs）就认为：“声音将不仅是画面的必然产物，它将成为主题，成为高危动作的泉源和成因。换句话说，它将成为影片的一个剧作元素。”[①] 随着制作技术的完善和审美理念的成熟，近些年，电视动画的声音设计越来越专业化，在电视动画的制作领域，声音先行、预配音等已经成为通用的做法，独立的声音导演在制作团队中越来越受到青睐，特别是随着版权保护意识的增强，原创的动画声音设计越来越受到重视，许多声音爱好者开始进入电视动画声音设计领域。作为一种艺术表现手法和一套独立的话语体系，声音在电视动画中的功能更加凸显，随着对声音研究的进一步深入，电视声音设计的美学体系也将进一步丰富，并在更多的优质动画片中得到体现。

① ［匈］巴拉兹·贝拉：《电影美学》，何力译，中国电影出版社2003年版，第209页。

第八章　农村题材电视剧的人物语言的审美

农村题材的电视剧一直以来都是荧屏中非常重要的故事类型，相对于其他类型的电视剧，其具有独特的视觉空间、文化内涵及审美趣味。从20世纪80年代《篱笆·女人和狗》三部曲开始，到后来的《希望的田野》三部曲、《乡村爱情》系列，以及近些年获得口碑和市场双丰收的《满秋》《我的土地我的家》《营盘镇警事》《温州一家人》《白鹿原》等，30多年来，一系列优秀的农村题材的电视剧获得了观众的认可，一个个鲜活的农民形象也在观众的心里扎根。纵览这些年的优秀农村题材电视剧，它们成功的背后有着诸多复杂的时代、社会、观众心理等方面的原因，但有一点不容忽视，这就是农村题材的电视剧所展现出的语言魅力。在这些剧中，朴实无华、充满泥土气息甚至难以辨识的人物语言是农村题材电视剧的一大特质。

一、独具乡土风貌的“奇观”语言

农村题材的电视剧是以反映农村面貌，展现农民生活、农业发展，特别是当下农村社会现状的电视剧作品。广袤的土地、成片的麦浪、欢快的农民歌舞，这些都是农村题材电视剧中经常出现的景象，也是农村电视剧吸引城市观众群体的视觉“奇观”。其实，观众在关注到视觉景象的同时，也会被剧中那些陌生又充满趣味、朴实而又凸显智慧的声音形象所打动，这就是农村题材电视剧中所特有的听觉“奇观”，它通过独特的语言表达吸引着广大电视观众，特别是生活在城市中的大量电视观众群，这样的语言“奇观”与农村这一特殊地域相连，与农民这一特殊群体相连，是农村题材电视剧的特色所在。农村题材电视剧语言的“奇观化”，主要表现在以下方面。

（一）人物的称谓

农村特有的地域文化和乡土亲情，使得农村村民之间的联系要远比城市居民之间亲近，加上农村的人口构成往往是以宗姓家族的形式存在的，一个村落由一个或少数几个姓氏构成，村民之间有着或远或近的亲缘关系，这样的背景体现到称谓上就会显得特别亲近。村民之间的称谓上往往都加有“伯”“叔”“婶”“姨”等，例如，《篱笆·女人和狗》中的茂名老汉，同村的人一般都喊他“茂名大叔”；《我的土地我的家》中的张老存，同村的晚辈都称呼他“老存伯”。在近些年颇有影响力的《乡村爱情》系列中，称谓更是丰富，如“哥”“老妹”“长贵兄弟”“她大脚婶”等。这些称谓的使用，既准确地再现了东北农村地区的语言习惯，又很好地反映了农村亲近的邻里关系和紧密的人际联系。

（二）角色名字设计

角色的名字设计也是农村题材的电视剧语言的一大特色，有典型的农村地域特色。例如，《我的土地我的家》中的张老栓，因为节俭，总想存点粮食以备不时之需，因此，大家都称他为“张老存”，他的两个儿子分别取名为“张二粮”“张三粮”，透过名字观众可以感受到农民对土地、对粮食的那份深厚的感情。《插树岭》中霸气蛮横的村长叫“马百万”，这一名字和他在村中一言九鼎的地位十分契合。主人公马春的父亲，生性懦弱，胆小怕事，村里人都管他叫“马趴蛋”，马趴蛋的妻子却是一个精明、泼辣、快人快语的农村妇女，取名“喜鹊”，非常生动、贴切。而其他人物，如“二歪”“老扁”“牛得水”“老蔫”等人的名字设计也非常传神。这些角色名称，既符合农村文化语境，展现出农民的口语习惯，又与剧中人物性格和角色设计相吻合，带给观众非常贴切的生活感受，有利于角色人物被观众记忆和传播。

（三）台词设计

在农村题材电视剧中，许多矛盾的设置往往围绕着农村的生活元素而进行，小到夫妻间的家长里短、婆媳间的磕磕碰碰，大到村民为维护自身利益的抗争，不同家族间的历史矛盾，等等，电视剧的矛盾展开借助的主要手段就是台词。相对于其他类型的电视剧，农村题材剧中的主人公大多是受教育程度不高的农民，遇到问题时不是采用隐忍、谋划的方式来处理，而是直接用语言来表达自己的想法，这种表达大多数时候直接而犀利，不拐弯抹角，展现出这一群体的朴实情怀。例如，在《希望的田野》中，潘喜林因为村里自留地被侵占一事多次上访都无果，等到新任乡党委书记来了，本以为会有转机，不料第一次看到刚上任的新书记徐大却是待在饭店喝酒吃饭，便产生了误会，对徐大失所望。潘喜林当着众人的面撂了一句："刚来头一天就下馆子，也不是个什么好饼。"转身就走，让新书记颇感尴尬。在《喜耕田的故事》中，村支书二虎想劝喜耕田圆滑一些，跟领导说话要有政治头脑。喜耕田反驳二虎说："……你们这些当领导的，一天介考虑个政治这是对的，俺是个种地的，俺觉得把地种好了，把经济收入搞上去了，把日子过好了，这就是政治。"喜耕田的话朴实无华，却句句在理。不拐弯抹角，不说虚话套话，不拽文卖字，这样的说话方式与农民这一独特的群体相吻合，既真实又生动。

二、体现"乡土气息"的生活语言

称谓、名称以及农村人特有的表达方式，构成了农村题材电视剧语言设计上的特点。而吸引广大观众关注的农村电视剧的语言魅力远不止于此，在人物语言的内容处理上，那些出自农民之口、有的时候听起来非常"土气"的语言对白，充满了生活的质感，往往是一部剧正在热播，许多经典台词便成为人们津津乐道的话题。

例如，在《插树岭》这部反映东北农村变革的电视剧中，故事一开始，乡党委书记来请村里的老知青杨叶青接任村支书，杨叶青不愿意，就转述村长马百万的话来拒绝："骡子驾辕马拉套，老娘们当家瞎胡闹。"巧妙地表达自己不适合这个职位，他的话生活气息很浓，又非常准确传神。

农村题材电视剧的语言特色，不仅体现在充满生活气息的内容中，而且蕴含着农民群体中千百年来形成的朴实而又充满智慧的"道理"。

在以改革开放为背景、反映农民和土地关系的电视剧《我的土地我的家》中，主人公张老存，年轻时受过苦挨过饿，对土地和粮食有着天然的感情，总想存点粮，以备不时之需。在分田到户丰产之后，仍舍不得卖粮，面对儿子们要求买拖拉机进行机械化种植的要求，他大声呵斥："家里不存万石粮都不叫有粮户。稳产、高产就得靠苦干、实干加巧干！"语言朴实，却体现了一个农民始终坚信的道理——"手中有粮，心中不慌"。在该作品创作研讨会上，中国电视艺术家委员会王丹彦评价这部戏："很多桥段非常之喜感，让人会心一笑，而又不是重口味，有着农村的质朴，有农村土地芬芳的清香感。"①

在获得2012年最佳农村题材电视剧的作品《满秋》中，剧中的郭大妈在自己五十大寿时得知儿子志刚跟着在城里认识的女人吴媚一起走了，非常生气，但是面对前来祝寿的人又不便说明，于是拿起酒杯给大家祝酒："咱们脚下这块地儿，好啊，宝地儿，在这块地上，养了我老郭家好几辈子人，这就跟一根藤上结的瓜一样，有大也有小，有好也有孬。"一番话既表达了对自己大儿子行为的不满，又巧妙地化解了宴会上的尴尬，语言生动真诚，温暖感人。

在这些优秀的电视剧中，人物的语言朴实而简单，用看似非常平淡的话将一些大道理讲述得准确而又富有深意，令人回味无穷。可见，农村题材电视剧在语言内容设计上，紧扣农村生活的这个中心，将语言扎根在日常生活的具体感受中，形成了独具特色的农村"话语"。

关于语言和生活的关系，毛泽东在1942年《在延安文艺座谈会上的讲话》中就鲜明地指出，我们过去的文艺工作者不懂我们文艺创作的对象。"什么是不懂？语言不懂。就是说，对于人民群众的丰富的生动的语言，缺乏充分的知识。许多文艺工作者由于自己脱离群众、生活空虚，当然也就不熟悉人民的语言，因此他们的作品不但显得语言无味，而且里面常常夹着一些生造出来的和人民的语言相对立的不三不四的词句。"②

从对这些优秀电视剧作品的分析来看，只有真正了解了农民的生活，感受到他们生活的丰富魅力，创作者才能创作出符合这一特定群体对象的

---

① 《品味泥土的清香——电视剧〈我的土地我的家〉专家研讨会综述》，《中国电视》2013年第4期，第11页。

② 毛泽东：《毛泽东文集》（第三卷），人民出版社1996年版，第875页。

语言。这些年出现的众多优秀农村题材电视剧之所以获得认可，就在于创作者带给观众具有生活感的语言，这种充满“土气”的语言就是农村题材电视剧深厚的根，它扎得越深，就越有生命力，也就越能得到观众的认可。

三、展示个性“魅力”的角色语言

优秀电视剧的播出总会带给观众许多印象深刻的角色，农村题材的电视剧也是如此。许多优秀的农村题材电视剧获得收视成功之后，一些经典的人物角色成了人们记忆中的典型农民形象。如《篱笆·女人和狗》中沉默不语的“茂林老汉”、泼辣好胜的二儿媳“巧姑”，《插树岭》中蛮横霸道的村长“马百万”，《喜耕田的故事》中耿直朴实而又精明小气的“喜耕田”，贪图小利的“马寡妇”，《温州一家人》中既世故又爱虚荣、性格执拗却又处处机敏的“周万顺”，《白鹿原》中爱憎分明、性格坚毅刚强的白嘉轩，等等。这些剧中的农民角色往往文化程度不高，说话直截了当，语言表述上没什么逻辑性，简单、粗暴甚至胡搅蛮缠，等等，而恰恰是这样的一些语言设计，与角色本身非常贴切，很准确地传递了角色的性格特点，给观众留下了深刻印象，让观众记住了这些角色，并喜欢上他们。

《插树岭》中，老村长马百万是村里最有权势的人，在村里说一不二，容不得别人反驳，遇到问题动辄就开骂，处世蛮横霸道，村里人都非常害怕他。在第一集中，他碰到了回村的村民杨立本，因杨立本拒绝听其意见，他当下便决定赶走杨立本：“我告诉你，我是村长，我让你走，你就得走!”以此在围观的村民面前显示自己的威信。短短几句话就将马百万这样一个在插树岭一手遮天、欺压村民的封建大家长形象生动地刻画出来了。

《温州一家人》中的周万顺是一个来自温州农村的贫苦农民，来到城市做生意。在一次经济严打中，他因为不肯承认窝藏赵冠球（一起倒卖商品的小贩），他被扣押在拘留所。当警察要求其交代真相，否则要将他拘留时，他对审问他的警察耍起了小聪明：“我想，同志，我想回家，孙子才不想回家。可想不想您说了算，是吧，您要是认为我都是瞎说的，您把我送牢里去，您要是认为我说的都是真话，您就放我回家。我全听您的。不过，那照片能不能送我几张？我好多年没照相，猛一看，差点认不出自己。”一番话，让警察又气又恨，却又无计可施。这段台词经过演员声情并茂的演绎，成功地将周万顺这个为人狡黠而又忠诚、憨厚朴实的农民形象塑造了出来。

从这些农村题材电视剧中成功塑造的人物来看，塑造鲜活的人物形象离不开贴切而又生动的人物语言，而要创作出这样的语言就离不开对这些角色的生活环境的真实体验和感受。剧作家老舍在谈到戏剧中典型人物的性格塑造时曾说：“熟练地掌握地方语言，熟悉地方上的一切事物，熟悉各阶层人物的语言，才能得心应手，用语精当。”[①] 就农村题材电视剧的人物形象塑造而言，成功的人物塑造就是将属于农民这一典型人物群体的语言特征体现出来，用他们自己的话来表达，甚至让他们时不时冒出不合时宜的“土气”之语，这样才能创作出符合时代特征而又个性鲜明的人物群像。

农村题材的电视剧成为电视荧屏上一道亮丽的风景，它的存在不仅满足了大量农村受众的收视需求，同时也为大量城市观众群所津津乐道。近些年，许多热播农村题材的电视剧成为人们竞相追捧的对象，创下了许多电视收视的高峰，培养了大批的农村题材电视剧的“铁杆粉丝”。农村题材电视剧的繁荣给了我国最广大的农民群体、最广袤的农村地区展现的舞台，同时也为城市人群提供了认识和了解农村、农民的一个窗口。农村电视剧的魅力是多方面的，语言的个性魅力更是不容忽视的，它促成了农村题材电视剧与其他电视剧相区别的独特个性，是支撑农村题材电视剧长期繁荣的重要推动力。

① 老舍：《老舍文集》（第十六卷），人民文学出版社 1991 年版，第 51 页。

第四部分 数字音频艺术的产业化

第九章 面向新产业广播研究的转向

广播作为媒体形态出现可追溯到广播发展的源头，1920 年，美国第一个领有营业执照的广播电台 KDKA 的开播带来了声音传播的一场变革。在此后的近 100 年里，广播经历了有线、调频、数字化等一系列变革。然而，纵观整个广播的发展历程，在 1920—2000 年的 80 年的发展历程中，广播的变革是缓慢的，相较于后起的电视及互联网媒体，是一个不折不扣的老媒体，被赋予传统与守旧的标签。然而，这一现状在 2000 年以来的 20 多年里发生了变化，“互联网 +”“移动收听”“物联网广播”“大音频时代”等一系列新的概念集中呈现，作为传统媒体的广播，一方面遇到前所未有的机遇，另一方面也被新兴媒体挤压到难以为继。广播已超越了传统的媒介界定，发展出许多新的属性特征，准确把握它们，便于当下研究者厘清广播媒体的外延与内涵，判断广播媒体发展的新动向，研究广播媒体变革中的新问题。

广播，作为媒体形态，其基本职能在于声音的传播，它通过定点辐射或是网络拓扑结构的方式完成信息内容的送达，其基本结构包括传播主体、传播渠道及受众三个部分。在广播媒体发展的前 80 年中，主要变革对象是传播主体，包括通过兼并、整合形成垄断性的广播传输网，加大投入研发出丰富多样、高品质的广播内容。作为媒体，广播是优质社会资源的集散地，也是造就艺术人才的工厂。在这 80 年里，无论受到何种冲击，广播作为主流媒体的定位并没有受到实质性影响。“广播消亡论”尽管一直都有市场，但事实上，2010 年以来的 10 多年的各类数据中，却又显示广播这一传统的"老媒体"还有着相当大的活力。广播真正的危机还是移动新媒体出现后，开办互联网平台、增加广播播出渠道、开发音频类App、植入品牌汽车生产线等，一系列颠覆性的改革在不断发生，而这些变革的重心都指向广播媒介的传播渠道和传播受众，让传统广播在面对新媒体时力不从心。因此，新媒体时代广播发展的核心即在于广播传播渠道和传播受众的变革，广播的研究重心也在于此。

在新媒体时代，广播属性的改变不仅是出现了各种新的称谓，诸如互联网广播、车载广播、App广播，更在于广播的传播方式发生了质的变化，传统广播的"我播你听"的单向式传播正在被新媒体传播形态所改变，"自主选择""互动""个性化需求"等一系列新的传播需求得到彰显。这样的改变反映在两个方面：一个是在媒介内容形态层面，"音频"的概念逐步替代了"广播"这一称谓；另一个是在传播对象层面，"用户"替代了"听众"。

一、从广播研究转向音频研究

从"广播"到"音频"概念的改变，其内涵不只是数字化时代、互联网时代，各类新的广播内容的出现，需要一个新的概念来进行统摄，其背后隐藏的更深层的意义是广播制作门槛的改变、广播传播规则的改变。互联网传播方式的便捷，带来了自制音频内容传播的便捷，一台电脑、一部手机都可以成为非传统意义上的广播电台。音频生产和传播的便捷性挑战了传统广播的资源独占性和内容生产优势。新的广播形态改变了大众对广播的态度，也促使广播电台转变对观众的态度。借助数字传输技术和分析技术，现代意义上广播听众的喜好也在发生变化，问卷调查、记忆卡、电话回访等方式虽然还被一些广播机构以及第三方调研机构所使用，但是新兴的数字分析技术、流量分析技术等能更加准确也更加实时地反映出广播内容的传播效果。2016年，CSM开始在北京、上海等地推行虚拟测量仪，"对听众收听的广播节目和节目库的音频数字码进行实时、精确的匹配与识别，全方位监测出用户在不同时间、地点的跨平台、多终端的收听行为”①。

相对于广播的内容制作，包括互联网音频的内容生产通常被冠以“粗制滥造”的标签，传统广播人也多对之“嗤之以鼻”。其实，这里既有理解上的误区，也存在价值判断上的倾向性问题。我们在做互联网类音频研究的时候，往往会把在互联网传播渠道中的各种类型的自媒体音频作为主要研究对象，把它们视作传统广播的对立面。从总体上来看，这些音频内容会因制作主体专业性的缺乏、制作条件的简陋以及传输带宽的限制造成的音频收听质量低等而被认为是“业余广播”或者是“爱好者广播”，热门的网络音频也多是一时热闹，快速凋落，传统广播人并未感受到危机。从媒介研究角度看，这其实是概念的错位。广播是一种传播形态的描述，表达单向的、点对面的传输，带有强制性；而音频则是媒介内容传播介质的一种方式，是人类接受信息的渠道之一，二者不是同一属性的概念体系。以通常人们习惯的、狭义的内容范畴体系来界定，广播是从收音机内听到的声音内容，而音频则特指互联网媒介平台的数字化的声音类节目，广播与音频之间本身没有直接的对等关系。从内容范畴来看，音频的体系要大于广播的体系，从传播渠道来看，音频的传播渠道也比广播的要更为宽阔。因此，从“广播”到“音频”概念的转变，并不能支持广播是精致的而音频往往是粗糙的内容生产的说法。(如图9.1)

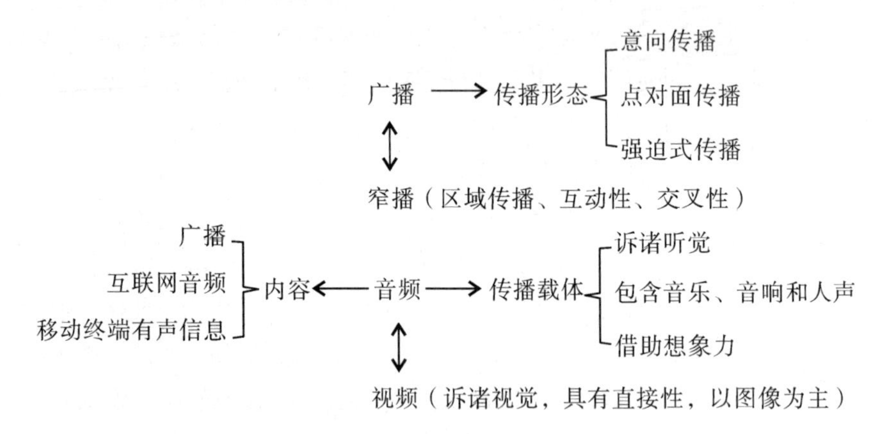

图9.1　广播与音频概念图解

① 王平：《2016年广播收听市场概况》，《收听研究》2017年第1期，https://www.csm.com.cn/Content/2017/04-26/1709172112.html.

从广播到音频概念范畴的转变，究竟是什么在改变？其实是媒介传播链条结构研究的变化，是从业者将对以传播主体为中心的研究转向了对传播环节的关注、对传播效果的研究。音频作为统摄当前听觉内容传播的概念范畴，其核心研究的变化在于研究者将传统广播机制之外的内容生产环节纳入了研究范畴，围绕音频传播效果的研究还会涉及一些新的内容，包括传播载体的特性、传播环境的特性等都会对音频传播效果研究产生影响。在互联网音频传输渠道的出现之后，在传统广播媒介传播中出现了一些新的现象，包括早期形态的传统广播开办互联网端在线节目回听平台，移动音频市场批量购买传统广播节目版权播出，传统广播主播搭建自媒体音频内容制作与传播平台，新兴网红主播直播平台推广，等等。一系列新的传播渠道正随着传播技术的进步而呈现，传播的内容可以是相同的，但传播的渠道却是多元的；传播的主体可以是同一个人或者同一信息源，但传播的效果却是多变的。

二、从听众研究转向用户研究

在媒介传播过程发生转变的同时，对于媒介传播终端的研究即受众研究也发生了变化。在传播的整个链条上，听众是形成传播闭环的重要环节。听众的收听情况研究、听众的用户行为模式研究等一直是广播媒介研究的热点。抽样调查、听众回访等形式是广播媒介获取节目收听效果的重要指标，也是广播广告商进行广告投放的价格依据。在传统的听众研究中，不管是来自电台内部的数据统计还是电台之外的第三方数据报告，数据都无法完全反映出节目的真实传播效果，这也一直是广播研究的一个痛点，记忆卡、日记、电话回访都有一定的滞后统计的特点，难以保证客观呈现听众的收听行为。此外，一直以来，在广播行业中存在的收听率造假等行为屡禁不止，也让大众对这样的听众研究持怀疑态度。

广播进入互联网阶段的一个显著特征就是原本不可量化的受众行为，经过海量的数据采集和处理，得以更准确直观地获得受众订阅偏好、收听习惯等数据。针对广播听众的研究方式也在发生巨大变革，新兴的测量手段和数据分析手段让广播节目原本受制于专家学者的“好”与“差”的感性评价变成了基于数据统计的理性分析，新技术可以反馈用户的行为模式、停留时间、注意力程度等，技术的进步让传播研究更加科学。

与之相对应，在广播研究中，关注听众对节目的关注程度和黏合度等评价标准也发生了变化，换句话说，在研究用户行为的过程中，用户在多大程度上会接触到音频内容信息，音频对用户而言有多大的吸引力和匹配度。与听众研究将广播听众作为一个独立的对象进行行为习惯分析不同，用户研究的范围更加宽泛，包括用户的反馈、用户的选择、用户的参与以及用户习惯的改变等多种形式的行为特征。

从传播链条来看，听众属于广播传播网络收听的一个终端，相对独立，单个个体的作用和地位较低；而用户则属于互联网拓扑结构中的一个节点，既具有独立性，也具有联系性，单个用户本身也可以通过辐射传播产生一定的影响力。就听众而言，广播的传播是送达式传播模式，广播电台、电台主持人通过技术手段或者情感黏合等方式，更大范围地覆盖到广大听众，更长时间地占有听众的收听时间。通常用语的模式也是“您此刻正在收听的是……”“感谢您的收听，期待下一次节目再见”之类的邀约式，打造并稳定忠实收听群体是电台及主持人的奋斗目标，在地区性电台频率交错的情况下，同类型或相似类型的电台之间的竞争不可避免，因为目标听众往往是重叠的。

而用户的概念则不同，其基本属性中就包含网络的特征，具有强烈的自主性和个性，在收听行为上，个体之间的差异性明显。借助互联网的跨区域特点，用户对音频类节目的收听也不会受到地域性限制。因此，音频投送方对用户的传播模式更多地采用推送式，是根据用户的收听习惯和倾向性等进行集中性推送，甚至可以通过记录用户收听轨迹以及其他网络浏览痕迹等判断出用户的收听兴趣，从而进行有效推送。例如，互联网音频平台豆瓣 FM 重点打造个性化的音乐电台，通过技术手段分析用户的收听历史，后台分析技术可以根据用户收听歌曲的时长、是否进行了收藏等进行抓取计算，从而明确用户的收听喜好，有针对性地推送音乐作品。在听众思维模式下，广播媒体提高传播效果的途径主要是增强电台发射频率，扩大覆盖面，打造品牌栏目和明星主持，吸引和巩固有效收听群体，改变的中心在于传播主体一方。而在用户思维模式下，音频媒体提高传播效果的途径则更复杂，其依赖于对用户数据的采集和分析，量化分析用户的收听习惯。在此基础上，传播效果的提升还有赖于资本市场的运作、兼并与整合，这些在传统广播媒体时代无法想象的经营行为，在音频资本市场屡见不鲜。“风险投资”“估值”等新兴术语不仅成为音频传播环境的内容，而且也实实在在地影响着音频市场的发展，用户数量、活跃用户数量、优质用户数等都成为资本对音频媒体估值的依据。在这样一种传播模式下，作为传播终端的用户成为资本追逐的中心，也是传播效果研究的中心。（如图9.2）

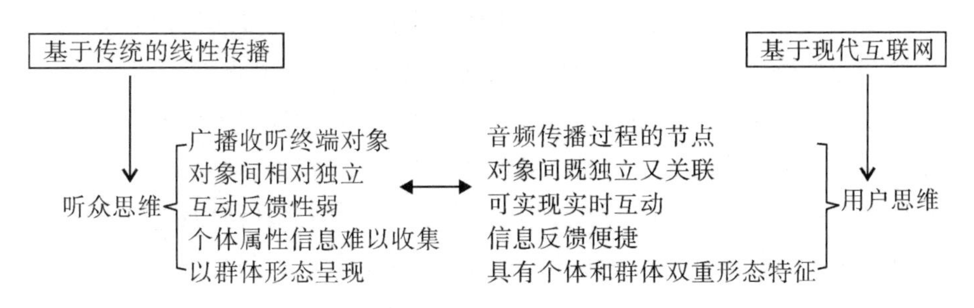

图9.2　听众思维与用户思维

三、从互联网思维研究转向“互联网+”思维研究

从广播研究的历史来看，自广播诞生以来的80年时间里，广播研究的中心聚焦于广播主体的研究，包括广播公司、主持人、广播节目等，在收听率调查等方式的支持下，广播研究也对听众及其收听行为开展研究，研究的整个链条包括“播报者—播报内容—收听者”三个部分；到了21世纪，随着互联网技术的成熟，特别是移动互联网普及，互联网进入了新的发展阶段，这一阶段广播媒体研究的中心更加侧重于情感体验、用户反馈等。

“互联网+”概念的集中性讨论来自2015年“两会”中李克强总理所做的政府工作报告，报告提出了以移动互联网、云计算、大数据和物联网为技术支撑的web 2.0发展模式。政府工作报告指出，“互联网+”带来的变革是未来的城市将更加智能。“互联网+”时代，音频的地位将会进一步凸显。从今天的智能手机的智能设计应用而言，无论是微软开发的“小娜”还是苹果系统中的“Siri”，语音的交互成为人机互动的基本形式。而在未来的家居生活中，语音的应用将会越来越广泛。单从技术发展的角度而言，在未来，电台主持人完全可以由一个语音终端来充当，它可以全方位、无时差地为用户提供各种类型的音频服务，并完成音频内容的单向传播与互动传播。而从目前的广播媒体服务来看，一些新兴的基于大数据平台的智能化应用已经逐步替代了传统广播的功能，弱化了广播的固有优势。在电台频率专业化过程中异军突起的交通频率一直是各地广播媒体的主要频率，通过牢牢锁定有车一族和出租车载客平台，获得了稳定的受众群。而各地交通频率在为驾车族提供的服务信息更多的是路况平台的实时播报，通过与交管部门合作完成城市路况及高速路况第一时间的报道。然而，在移动互联网平台，越来越智能化的百度地图、智行者、高德地图等应用可以实时完成路况信息更新，同时还能根据拥堵情况计算出通行时间，提出优化线路的解决方案，传统交通广播的服务功能与之相比则逊色很多。面对智能化终端设备的完善，交通频率的发展也面临着生存危机。

“互联网＋”时代带来的音频传播研究的核心改变在于它自身的本质属性差异，包括跨界融合、创新驱动、重塑结构、尊重人性、开放生态和连接一切的思维视角。广播的发展一直遵循的是大众传播的模式，无论是收音机前的听众还是互联网端的用户，接受、反馈、分享是听众最主要的行为模式。以往对广播媒体或其他网络终端媒体而言，对终端听众的具体行为特征的分析是模糊的，分类也往往是比较粗线条的，如性别、年龄、文化程度、收入状况、居住地等。这些属性和特征，两个不同的概念虽有一定的划分，但还是一个宽泛的类概念，还没有做到对每一个具体对象的精准定位。然而，在“互联网＋”模式下的广播音频传播模式发生了一些根本性的变化：作为用户的听众行为模式变得更加多样，除了接受、反馈、分享等初步行为外，用户的自主性增强了，可以更多地参与音频内容的复制和传播，甚至用户可以借助第三方音频软件，制作出更多样的声音作品，例如声音与视频相结合的多媒体作品或配音秀等。此外，用户数据的采集方式发生变化之后，媒体终端可以对每一个用户实现属性的界定，通过抓取收听记录、网络浏览记录、日常信息登记单等，给每一个有可能的目标客户提供有针对性的音频服务。

更为重要的是，借助发达的新媒体应用平台，声音作为一个信息载体，可以便捷地借助网络实现新的媒体传输方式。当下热门的直播秀，其App上的很多热门主播本身就具有草根主播的特质，成为自媒体终端的一种典型样式，同时，直播秀在传播方式上改变了传统音视频播出的烦琐流程，在直播平台的技术支持下，主播将其传播环节简化为“播”与“秀”，这里，“播”的是内容，也是主播自身语音、语音驾驭能力和信息量的综合体，这点与传统播音员和主持人的功能相似，而“秀”则是“互联网+”思维催生的新传播要求，它更多地表现为外在的播出形式，是一种具有开放性的主播表达方式，让在许多传统播送环境中无法实现的形式得到了崭露头角的机会，如怪异的动作、浮夸的表情、不受约束的内容的发散、完全个性化的自主表达等；而参与直播活动的用户在接受传播行为时自身的地位也发生了变化，主播与用户不再是传统传播模式下的传播者和接受者之间的关系，更像是商家和消费者，用户可以通过打赏等方式，要求主播按照自己的意愿进行演播，“消费”的特点更加明显，用户的参与度、反馈性更强，在传播内容的选择上，用户的主宰性更强。

综上，从互联网思维研究向“互联网+”思维研究转化，可以更准确地把握当前广播音频传播的新特征，也更加有利于用开放的研究视野接受传播音频传播环境中的新事物。广播作为传统传播媒介下的产物，虽然不断遭受到冲击，甚至被多次预言即将消亡的命运，然而，至今广播及其衍生音频产品仍然焕发着生命活力，而要想保持这一生命力，就需要从业者不断创新，研发新的音频内容产品，需要管理者不断创新，布局广播媒体发展格局，同样，作为研究者也要不断创新，研究新媒体时代纷繁复杂的广播音频各种现象之间背后的联系，研究媒体发展的变革趋势，研究广播音频的话语体系，从而为广播音频的发展提供有力的智力支持。而这样的研究转变的核心在于处理好“变”与“不变”的关系，用不断变化的研究方法、研究视角来分析当前变化多样的广播音频媒体传播；用不变的经典传播学研究话语体系，给予当下广播音频从业者及受众成熟的、可参考的研究成果，抓住音频研究的核心——“声音传播”这一不变的对象，从对纷繁复杂的传播内容的研究中抽离出来，建构属于新媒体时代广播发展的话语体系。

第十章　当下国产影视动漫产业化发展的现状与思考

2021年6月，文化和旅游部发布了《“十四五”文化和旅游发展规划》，其中第六项第一条“推动文化产业结构优化升级”中明确提出了“改造提升演艺、娱乐、工艺美术等传统文化业态，推进动漫产业提质升级”①。在动漫产业领域，近20年以来，影视动漫在一些优质动漫电影的带动下快速发展，引发了社会广泛的关注。从2010年第一部国产票房破亿的动漫电影《喜羊羊与灰太狼之虎虎生威》到2019年《哪吒之魔童降世》票房突破50亿元，创下了中国动漫电影票房的最高纪录，10年间，以少年儿童为主要受众对象、具有独特形式美的影视动漫艺术进入了发展的快车道。2011年，中国动漫产业产值达到470亿元，这一年电视动画片生产总时长达到了261000分钟，超过了美国和日本，动画产量跃居世界第一。自此之后，我国动画片的产量开始逐步下滑，到2018年，产量已经下滑到86257分钟，而与之相对应的是，我国动漫产业产值已经达到了1941亿元，是2011年的4倍多。在2023年以“更好的中国，更好的世界——加强金融开放合作，促进经济共享共赢”为主题的金融街论坛上，中国动画学会会长马黎提道：“2023年中国动漫产业总产值将突破3000亿元，展现出可观的经济收益与巨大的市场前景。”② 影片数量的减少，动漫产业产值的增长，体现了如今动漫市场已经不再局限于院线和电视媒体的播放市场，更多的上下游产业的兴起推动中国动漫进入了一个立体化发展的时期，作品、市场、产业等元素在市场中形成了相互支撑和互动的密切关系，共同推动中国动漫产业的繁荣。

---

① 文化和旅游部：《“十四五”文化和旅游发展规划》，http://www.cnci.net.cn/content/2021-06/21/content_24314285.htm。

② 马黎：《金融街论坛丨投资蓝海2023年中国动漫产业总产值将突破3000亿元》，https://New.99.10m/rain/a/2023119A013P000。

一、动漫产业化发展模式

目前，围绕动漫 IP 及其转化并形成产业生态，主要有以下几种模式。

（一）以影视动漫 IP 为中心形成的产业发展模式

从世界范围来看，在动漫产业化的发展过程中，发展最为成功的就是由华特·迪士尼公司（The Walt Disney Company）创办的迪士尼乐园。迪士尼在 1923 年由华特·迪士尼成立，1928 年华特·迪士尼创造了米老鼠的形象，1955 年，第一家迪士尼乐园开业，30 年的时间，动画人物形象从银幕走到观众的身边，成为可以触摸和互动的形象。至今，以迪士尼动画形象为主体的迪士尼乐园已经在全球开设了 6 家，成为全世界影视动画产业发展最为成功的案例。许多学者撰写文章分析迪士尼的成功经验，甚至从文化和哲学的层面进行分析，将迪士尼的成功视为一种文化现象。法国哲学家让·鲍德里亚（Jean Baudrillard）提出，迪士尼乐园创造了一个“仿像”的世界，“仿像就是没有原本的可以复制的形象，它没有再现性符号的特定所指，纯然是一个自我指涉符号的自足世界。典型的仿像就是迪士尼乐园”[①]。从文化产业的角度而言，迪士尼乐园的核心在于迪士尼影业创造的众多 IP（Intellectual Propert，即知识产权）。其经典动画《米老鼠》系列、《白雪公主》《狮子王》《玩具总动员》《冰雪奇缘》等众多作品在全球都有着非常广泛的观众基础，这些作品所呈现的动画世界和动画角色也都深入人心，这些经典 IP 是迪士尼乐园在全球得以开办并成为当地文化地标的重要因素。在主题乐园之外，IP 授权经营制造周边衍生产品，成为迪士尼 IP 产业化的重要途径。2024 年 5 月 7 日，迪士尼公司公布了截至 2024 年 3 月 30 日的 2024 财年第二季度时报，第二季度营收从去年同期的 218 亿美元增长至 221 亿美元。[②] 全球品牌授权机构 Global

---

① 周宪：《视觉文化的转向》，北京大学出版社 2008 年版，第 165 页。

② 东方财富网：《迪士尼 2024 财年第二季度财报分析：营收增长》，Retrieved from https://caifuhao.eastmoney.com/news/20240509160449506343580。

Licensing Group 旗下杂志 *Licensing Global* 发布的《全球 TOP150 IP 授权商报告》显示，迪士尼 2019 年以 547 亿美元再次夺得授权商品冠军，而 2019 年迪士尼在院线的电影全球票房收入约为 90 亿美元。除了迪士尼的主题乐园外，美国环球影城主题乐园、尼克罗定频道主题乐园以及凯蒂猫主题乐园也在我国相继投入建设。

在国内影视市场，复制迪士尼 IP 产业化模式最为成功的是位于深圳的华强方特集团，该集团近些年创作了《熊出没》等系列儿童动画片。自 2012 年 1 月首部动画片《熊出没》在央视播出以来，《熊出没》电视版已在国内 200 多家电视台播放，创造了多个电视台的收视纪录，并出口到美国、德国和俄罗斯等国家。2014 年《熊出没》开始推出大电影系列，6 年多以来，该系列电影两次打破国产动漫电影的最高票房纪录。根据国内专业电影票房统计机构“猫眼电影版”专业数据显示，从 2014 年的《熊出没之夺宝熊兵》至 2024 年的《熊出没：逆转时空》，10 年间“熊出没”系列已在中国动画电影票房榜前十占据三席，票房累计超 75 亿元。[①] 围绕《熊出没》影视作品形成的强 IP 资源，华强方特集团先后投资了方特欢乐世界、方特梦幻王国、方特水上乐园、方特东方神画、方特东盟神画、方特丝路神画、方特国色春秋、方特东方欲晓、方特恐龙王国、方特 · 狂野大陆、方特乐园、熊出没欢乐港湾共 12 个拥有完全自主知识产权的主题乐园。2023 年年度报告，公司全年营业收入 66.69 亿元，同比增长 46.93%。

以打造优质 IP 的方式来实现动漫作品的产业化是目前产业化程度达到最高的方式，也是实现产业收益最大化的方式，然而，这样的方式也是最难实行的方式。无论是国内还是国外，迪士尼的成功都难以复制，它需要有持续的 IP 原创内容的输出，要能在大众心中形成稳定的市场接受度，这样的转化才能够实现，单靠一两部爆款的动漫作品还很难形成强 IP，也无法形成 IP 产业化的效应。在国内动漫产业市场，除了华强动漫获得成功外，其他影视动漫作品还未能成功复制这种模式。

① 《票房累积超 75 亿，“熊出没”为什么行?》，https://healthnews.sohu.com/a/761964531_100097343。

（二）以衍生产品销售为主体的动漫产业圈打造模式

在近些年我国动漫产业市场的发展中，与大 IP 发展模式并存的另一种产业模式是以玩具开发为主体的动漫创作模式。这一类型中具有代表性的动画作品包括《火力少年王》《超级飞侠》《爆裂飞车》《超变战陀》等。而这些作品的投资方也大多是国内有影响力的玩具制造公司，如开发了《火力少年王》《超级飞侠》和《爆裂飞车》等知名电视动画的奥飞娱乐集团，它的前身是广东奥迪玩具实业有限公司，它是我国玩具产业的领导品牌。奥飞娱乐集团旗下有多家公司，涉及动漫产业多个环节，包括动漫内容制作、图书发行、玩具等衍生产品的开发制造，已经形成一个环环相扣、优势互补的产业链。根据东方财富 Choice 数据披露，2019 年奥飞娱乐的营业收入为 27.3 亿元，其产品收入构成中，玩具销售占比 46.29%，而动漫影视的收入仅有 3.9 亿元，占比为 14.3%。但是，这些年在动漫影视作品的推动下，陀螺、悠悠球以及四驱车等玩具一度成为当时青少年争相购买的时尚玩具，奥飞娱乐想要打造的“IP + 产业”模式，其实更像是“IP + 产品”模式，产业结构较为单一。围绕集团开发的玩具产品，奥飞娱乐每年要推出四五部影视动漫作品，有几百集的动漫作品产量。类似的公司还有广州达利、广州天贝等。

奥飞娱乐等企业采取“以销售玩具为目的做动漫”的方式来开拓自己的动漫产业化之路，其实这种产业化路径并不仅仅出现在国内，国外也是如此，一些知名的玩具厂商如丹麦著名的玩具公司乐高，全球最大玩具公司美国的美泰，美国玩具公司孩之宝，日本最大的玩具商万代公司，等等，也都曾推出自己的动漫影视作品。虽然这些公司也曾借助动漫作品推出过一些经典玩具，如孩之宝推出的《变形金刚》系列、万代推出的《高达》《孩子王》等，但是更多的围绕玩具生产的动漫作品在市场上并没有得到认可，包括乐高公司推出的《乐高大电影》系列等，“在近几年以玩具 IP 为基础的院线电影，没有一部全球总票房在 5 亿美元以上，从投资回报率上看，大部分的玩具 IP 电影的收益率不是很高，有一些甚至出现亏本的情况”[①]。从“以销售玩具为目的做动漫”的产业模式分析来看，与迪士尼等打造品牌化 IP 内容的模式不同，前者的核心缺陷在于内容单薄，特别是一些作品为了推动相关玩具产品的销售，在动漫内容的设计上缺乏合理性，剧情单一。例如，广州达利的《超变战陀》系列动画片，故事设定为世界各地的陀螺选手集聚在战陀学院，争夺最强“战陀王”称号。在这部作品中，人物的所有活动都集中在战陀学院，人物所有的冲突、互动、情感交流都要通过一场战陀的对决来实现，而重复的特效、相似的场景，使得作品质量明显不高，故事线的单薄导致角色性格过于单一，符号化特征明显，难以让观众对角色产生认同。而围绕战陀对抗时所提供的关于风速、切入角度、方向控制等所谓知识，听起来似乎具有科学性，充满神秘感，但是细细分析，其实它更多的是一些科学术语的堆砌，缺乏严格的实验验证，容易对青少年产生误导。

（三）区域化动漫 IP 形象代言模式

在国内动漫产业发展领域，与地方城市推广相结合的 IP 发展模式也是产业化发展的一种思路。在这一类型的动漫产业发展链条上，动漫企业会结合地方文化，特别是语言、地标等文化元素创造 IP 形象，并根据相应的 IP 形象打造动漫作品进行推广，提升 IP 的品牌影响力，进而成为为城市代言的动漫 IP，在获得广泛认可的基础上，将 IP 与地方产业相结合，通过授权、贴牌等方式助力地方产品的销售，在地方形成产业发展的闭环。以南京的阿槑为例，阿槑是南京玲珑天动漫推出的具有南京地域文化符号意义的城市动漫 IP，是一个憨态可掬、天真直爽的南京本地男孩形象，于 2010 年推出，说着一口地道的南京话，成为南京本土文化的草根代言人。围绕阿槑的形象，公司先后推出了《阿槑南京话》《马头牌冰棒》《辣油馄饨》等一系列轻松幽默的南京民俗小故事。围绕中心人物，创作团队又推出了“奶”“槑妈”“槑爸”“金宝”“小燕子”等关联角色，形成了阿槑的关系圈。阿槑系列动漫作品推出之后，迅速蹿红，成为南京人喜欢的动漫明星。利用阿槑形成的明星光环，玲珑天动漫先后推出

---

① 《IP 的价值有多大？玩具公司都去做动画了》，https://www.517japan.com/viewnews-110980.html。

了100多种IP衍生产品，并在南京最繁华的传统文化街区开设了“槑好时光”主题店。在IP与地方产业的结合上，阿槑与南京的特色小吃“鸭血粉丝汤”结盟，推出了阿槑品牌代言的鸭血粉丝汤，在网上和直播间销售，一时间成为热销产品。随着品牌认可度和美誉度的提高，阿槑作为城市动漫IP形象的价值被地方政府所认可，在大量的地推活动中，阿槑都作为南京城市文化的一个符号出现，特别是2015年入选米兰世博会南京展示周活动后，阿槑与南京地方文化相结合的产业价值得到了进一步认可。

除了南京的阿槑，动漫IP与地方城市相结合、推动文化产业发展的案例还有很多，最有影响力的当属日本熊本县的熊本熊。熊本熊是在2011年由熊本县艺术家设计的一个城市动漫形象，该形象结合熊本县本身的黑色主色调以及“火山之国”的红色元素设计而成，形象呆萌、可爱。为了加强其推广力度，熊本县还给熊本熊安排了一个政府职位：熊本县营业部长兼幸福部长，并组建专门团队对熊本熊进行营销，包括开通脸书和推特账号，兴建熊本熊广场，建造熊本熊电车，等等。随着熊本熊形象被广泛认可，该IP所带来的产业效应也迅速扩大，食品、文化用品、生产工具等大量商品都印上了熊本熊的形象。2024年4月5日，日本熊本县表示去年熊本熊的相关产品销售额达1664亿日元。从2011年开始有统计起，熊本熊主业当地进账1.4596万亿日元。

二、国产影视动漫IP产业转化能力存在的问题

从目前的动漫创意产业发展来看，尽管近些年越来越多优秀的影视动漫作品获得了高票房和高收视率，但是真正能够成功地从优秀动漫IP实现产业化并获得收益的IP并不多，其主要原因如下。

（一）IP资源分散，累积效应不足

就动漫衍生产品市场开发而言，单个形象的开发价值相对较低，生存周期相对较短，特别是一些电影动漫IP，上映时热度很高，就如同焰火，虽然灿烂，但燃烧得并不持久，缺乏后续作品的跟进，一旦已有的优质

IP 形象得不到持续开发，观众的忠诚度累计不够，观众很容易将其遗忘。当新的优秀作品上映时，观众的热情就会迁移到新作品中，如 2015 年口碑爆棚的《西游记之大圣归来》、2019 年创造国内动画票房神话的《哪吒之魔童降世》等，这些作品上映的时候带来的话题和关注度都非常高，但是因为没有后续相关优秀作品出现，使得动漫 IP 形象开发周期短，产生不了较好的经济效益，进而形成不了围绕该动漫 IP 的产业体系。在这一点上，美国的电影动画的做法很值得参考。以儿童玩具市场非常受欢迎的玩具汽车为例，迪士尼在 2006 年推出了首部动画片《赛车总动员》，同年在中国市场上映。该片创作的闪电麦昆形象一经推出，迅速被广大儿童所喜爱，麦昆相关的玩具汽车在市场上销售火热。时隔五年，2011 年，《赛车总动员 2》上映，2017 年，《赛车总动员 3》上映，每隔 5、6 年，迪士尼就会在原作基础上推出新的一集。尽管《赛车总动员 3》的票房和影响力都要明显落后于前两部，但是该部作品对于“赛车总动员”这一品牌影响力的提升仍起到了推动作用，赛车麦昆和他的朋友们的衍生玩具的销售在电影的持续创作中得到了保障，在迪士尼的官网上，有超过 200 种《赛车总动员》的衍生产品在销售。迪士尼统计报告显示，2011 年，《赛车总动员》周边衍生产品的销售额已经超过 100 亿美元，远远大于电影的票房收入。正是庞大的周边衍生产业的存在，促使迪士尼继续开发该作品，保持作品在观众心目中的地位。相类似的有由皮克斯动画推出的《玩具总动员》系列，从 1994 推出第一部，到 2019 年推出第四部，这些电影的持续上映塑造并强化了该系列作品的动漫 IP，进而在衍生产品市场上持续获益。

（二）综合性、具有全球领导力的动漫旗舰型企业缺位

尽管中国动画也曾在世界范围内形成了中国学派，并创作了一批享誉海外的优秀动漫作品，但是国内还未出现如迪士尼这样庞大的集影视、动漫制作、主题乐园等为一体的文化产业集团。在 2019 年全球票房排行前十位的电影作品中，有四部作品出自迪士尼（参见表 10.1）。截至 2023 年，在全球票房排名前十位的动画电影中，有七部来自迪士尼，而且前五部中有四部都是由迪士尼出品（参见表 10.2）。在影视制作领域的超垄断

地位，使迪士尼拥有了众多知名的动漫 IP 形象，众多知名 IP 成为迪士尼可以进行产业化的前提。而分布在世界各地广受欢迎的迪士尼乐园成为迪士尼公司 IP 产业化最重要的载体。反观我国的知名动漫作品，截至 2024 年初，在中国动漫电影市场中，包括中外合资的动画电影，分别出自七家公司（参见表 10.3）。在电影动漫市场最成功的霍尔果斯彩条屋影业属于光线传媒旗下公司，2015 年才成立，目前拥有的知名电影动漫 IP 还很有限，无法形成如迪士尼一般的产业化商业模式。与迪士尼的产业化模式接近的华强方特是从电视动漫起家的，也开发了类似迪士尼的乐园模式，但是相比于迪士尼众多的 IP 群，华强方特最拿得出手的只有《熊出没》系列角色。

表 10.1　2023 年全球票房排名前十位的电影

排名	片名	出品及发行方	总收入（亿美元）
1	芭比	华纳兄弟	14.4
2	超级马里奥	环球影业	13.63
3	奥本海默	环球影业	9.55
4	银河护卫队 3	迪士尼	8.45
5	速度与激情 10	环球影业	7.15
6	蜘蛛侠：纵横宇宙	哥伦比亚影业	6.82
7	小美人鱼	迪士尼	5.68
8	碟中谍 7	派拉蒙影业	5.66
9	疯狂元素城	迪士尼	4.87
10	蚁人与黄蜂女：量子狂潮	迪士尼	4.63

表 10.2　全球票房排名前十位的动画电影

排名	片名	出品及发行方	总收入（亿美元）
1	头脑特工队 2	迪士尼	16.49
2	冰雪奇缘 2	迪士尼	14.53
3	超级马里奥兄弟	环球影业	13.63
4	冰雪奇缘	迪士尼	13.06

续表 10.2

排名	片名	出品及发行方	总收入（亿美元）
5	超人总动员 2	迪士尼	12.43
6	神偷奶爸	哥伦比亚影业	11.59
7	玩具总动员 4	迪士尼	10.73
8	玩具总动员 3	迪士尼	10.67
9	神偷奶爸 3	哥伦比亚影业	10.34
10	海底总动员 2	迪士尼	10.29

表 10.3 中国票房排名前十位的动画电影

排名	片名	出品及发行方	总收入（亿美元）
1	哪吒之魔童降世	霍尔果斯彩条屋影业	7.26
2	功夫熊猫 3	中国电影股份、梦工厂动画、上海东方梦工厂	5.21
3	熊出没：逆转时空	华强方特	2.76
4	长安三万里	追光动画	2.51
5	姜子牙	中传合道	2.41
6	熊出没：伴我熊芯	华强方特	2.06
7	雪人奇缘	上海东方梦工厂	1.90
8	西游记之大圣归来	十月文化	1.53
9	熊出没：重返地球	华强方特	1.36
10	深海	十月文化	1.28

（三）全产业链动漫企业缺乏

迪士尼不仅有 80 多年的发展历史，而且整个产业链完整度高，涵盖了真人影视、动漫制作、迪士尼乐园、迪士尼体育用品、迪士尼玩具、迪士尼服装、迪士尼文具等多个衍生产业，从 IP 创作到产业产出形成了闭环。目前，我国的影视动漫公司主要还是偏向于内容生产，特别是电影动画制作公司的收入主要来源于电影票房的一次收入，对动漫 IP 的二次开发不足，而且受公司本身规模和发展思路的限制，还缺乏二次开发渠道和IP品牌推广与维护的经验，因此，虽然在市场上也会出现一些现象级的动漫电影和动漫形象，但是相对应的IP衍生产业的二次销售却明显不足。因此，我国动漫IP产业想要实行转化，构建从影视制作到终端衍生产品的产业链，形成围绕IP的完整产业体系是关键。

三、对影视动漫产业发展的思考

动漫产业的发展在我国有30多年的历史，特别是2010年以来，在动漫产业政策的支持下，国内一些优秀动漫制作企业也参考迪士尼等成功的发展模式，形成自己的动漫产业发展闭环的商业链。从动漫产业发展的历程来看，推动动漫产业的发展，还需要厘清以下几个问题。

（一）厘清动漫与产业的关系

动漫属于内容生产，优质的动漫作品会产生具有商业潜力的优质IP。因此，从产业发展角度而言，动漫产业发展的前提是生产出高品质的动漫作品，产业是将优质动漫IP转换成市场效益的渠道，因此，动漫与产业之间是源与渠的关系问题。没有源头，渠道无法得到水源，也就不能产生收益，而没有渠，源头产生的水源又会被白白浪费掉。倘若仅将动漫视为某种影视创作，那么从创意产生到动漫制作、发行和最终播出，它们的发展周期可以说已经完整了。但是从动漫全产业链的角度来看，这仅仅是整个产业链的前端部分，完整的动漫产业链包括动漫内容生产与制作的动漫产业前端，动漫衍生表演与活动市场的中游环节，动漫周边产品生产、动漫衍生产业市场等下游产业群。在整个产业链中，动漫IP是基础，占据产业链的上游，因此，鼓励创作者创作出更多优秀的动漫作品，形成品牌IP，这是前提；中下游产业的产出又会反向推动上游，为生产创意的企业提供资金支持，进而形成产业链的闭环。（如图10.1）

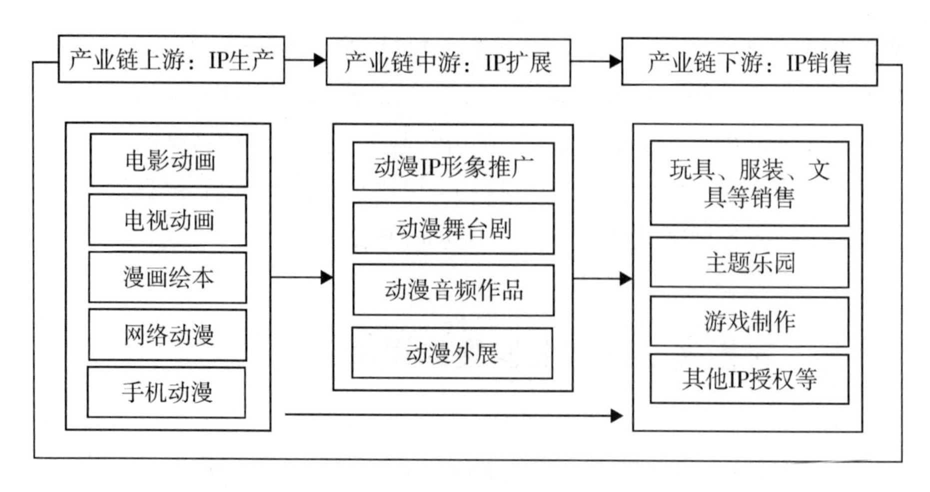

图 10.1 动漫产业链

（二）产业发展与产业政策的关系

从2000年开始，国家围绕动漫产业陆续出台了相关的产业扶持政策，2000年出台的《关于加强动画片引进和播放管理的通知》要求，每一个电视台每天必须播放10分钟动画片，省台要达到30分钟，其中60%必须是国产片；2007年，《广电总局关于进一步规范电视动画片播出管理的通知》将国产动漫片播放比例提高到70%。早期出台的动漫产业扶持政策主要是针对上游内容生产环节，对中游扩展市场和下游衍生销售市场的关注度还不够。2006年，由国务院办公厅10个部委联合发布了《关于推动我国动漫产业发展的若干意见》，文中明确提出文件的基本思路是“重点支持国内企业自主研发，具有我国自主知识产权的动漫图书、报刊、电影、电视、音像制品、舞台剧和基于现代信息传播技术手段的动漫新品种等动漫直接产品的开发、生产、出版、播出、演出和销售。鼓励与动漫形象有关的服装、玩具、电子游戏等衍生产品的生产和经营”①，并给予相关动漫生产企业税收政策的优惠。2009年，针对文化市场出现的IP侵权以及非法制作的问题，文化部和国家行政工商管理总局联合发布《文化

① 国务院办公厅：《关于推动我国动漫产业发展的若干意见》，http://www.gov.cn/gongbao/content/2006/content_310646.htm。

部 国家工商行政管理总局关于开展动漫市场专项整治行动的通知》，明确“保护动漫产品知识产权，推动原创动漫产业发展”[①]。2011 年发布了《关于扶持动漫产业发展增值税营业税政策的通知》，将版权交易收入也划入营业税范围，使之更适应动画产业的特性。产业政策开始关注影响动漫产业链的一个核心问题，即知识产权的保护。此外，这个文件还明确提出了对动漫舞台剧等动漫 IP 扩展业态的扶持。

在产业政策的推动下，我国的动漫产业发展迅速，影视动漫的年生产量在 2011 年跃居世界第一。从国家出台的动漫产业扶持政策来看，这是对上游内容产业的重视带来的结果。然而，目前我国生产动漫内容的企业盈利能力和持续生产能力还存在着许多问题。《2019—2020 年中国动漫游戏产业发展状况》统计：“根据对国家认定动漫企业的统计，2018 年，531 家动漫企业资产总计 230.51 亿元，营业收入为 100.26 亿元，利润总额为 8.40 亿元。……从企业视角来看，2018 年，531 家动漫企业平均资产为 4341 万元，平均营业收入 1888 万元，平均利润总额为 158 万元。”[②]因此，可以看出，在产业政策的推动下，我国形成了动漫生产的庞大集群，特别是围绕内容生产的企业群，而动漫产业利润相对较高、产业规模较大的中下游产业群的发展还不充分，也并未形成如迪士尼一样的产业航母型企业。这种小而多的发展模式，使得企业原创作品的动力不足，在动漫产业这样一个长周期生产模式下抗风险能力不足，即使一些好的创意，也可能因投资方信心不足、投资金额不到位等因素而夭折。因为“精品 IP 及其系列化的漫画、动画等内容产品的开发周期较长，需要较高的资本投入，市场反响存在较多的不确定性，对于投资回收周期和回报率有一定的风险”[③]。因此，从产业与产业政策的关系来看，未来推动动漫产业的发展需要打造动漫界自己的“华为”，形成一批有世界影响力的旗舰型动漫企业，未来的动漫产业政策也需要与这一个发展目标相匹配。

---

① 文化部：《文化部 国家工商行政管理总局关于开展动漫市场专项整治行动的通知》，http://zwgk.mct.gov.cn/zfxxgkml/whsczhzf/202012/t20201206_918358.html。

② 魏玉山等课题组：《2019—2020 年中国动漫游戏产业发展状况》，《出版发行研究》2020 年第 9 期，第 8 页。

③ 魏玉山等课题组：《2019—2020 年中国动漫游戏产业发展状况》，《出版发行研究》2020 年第 9 期，第 9 页。

（三）动漫产业与周边产业的关系

动漫是一个以创意为核心的产业，包括影视动漫、动漫图书、动漫剧场、展出以及玩具、乐园等产业业态，围绕动漫产业业态的相关产业涉及的领域更为广泛，包括动漫产品交易市场、动漫知识产权保护与交易、动漫与商业业态、动漫与地产、动漫与文旅等。动漫作为创意产业，是内容产业，本身的价值是有限的，但其具有赋能属性，动漫＋文旅、动漫＋地产、动漫＋教育、动漫＋传媒等都会衍生出更为丰富的产业群，形成更大规模的产业体量。例如，熊本熊的诞生对熊本县乃至九州岛旅游的带动作用都是非常明显的。上海迪士尼乐园、香港迪士尼乐园的建设不仅带动了乐园本身的经济增长，而且对这两座城市的旅游赋能价值的提升也非常明显。以上海为例，迪士尼乐园作为全球性大型旅游综合体，它的开业对当地旅游及相关产业具有较大影响。自开工以来，上海迪士尼就受到各方关注，被寄予了带动上海相关产业发展的厚望。事实上，上海迪士尼确实改变了上海旅游流，游客在上海的旅游轨迹更加集中，热门景点客流量增加，非热门景区却有边缘化的危险。[①] 因此，发展动漫产业，不仅要关注动漫创作带来直接产出的产业，还要关注对与之相关的产业的带动，因为其对城市品牌的推广甚至文化的对外传播都具有非常重要的作用，考察动漫产业的产出，这些由动漫产业溢出的价值也应该被考虑进来，纳入统计范围。不仅如此，动漫作为年轻人最喜欢的内容之一，也成为打造城市年轻化特性、吸引年轻人落户等的重要手段。

2010 年以来，在产业引导政策的扶持下，全国各地陆续出现了许多动漫产业园、动漫集聚区和动漫主题小镇等综合体，许多地方政府积极布局，围绕动漫这一元素来创建新的产业集群。截至 2023 年，广电总局共批准建设了 19 个国家动漫基地。在立志“走出去”的战略引导下，各地政府更多地引导资金和配套扶持政策投入到动漫产业领域，对发展动漫产业的决心非常坚定。然而，随着动漫产业市场的逐步成熟，近些年，一些地区对动漫产业发展扶持的方式也在慢慢改变。以江苏为例，从 2010 年

---

① 蔚海燕等：《上海迪士尼对上海旅游流网络的影响研究——基于驴妈妈游客数字足迹的视角》，《旅游学刊》2018 年第 4 期，第 38 页。

开始，江苏财政将省级文化产业引导资金增加到每年2亿元，并明确提出对“中国常州国际动漫艺术周信息交易平台”等重点项目予以扶持，在每年的文化引导资金扶持项目中，动漫类相关项目获得扶持的也不在少数。其中，2013年的245个项目中有11个直接和动漫影视有关；2015年的214个项目中有9个项目直接与影视动漫相关；2017年，该项目资金改为现代服务业（文化）发展专项资金，资助的项目数大幅减少，立项扶持项目76个，直接补贴影视动漫的项目1个；2018年立项69个项目，没有了对影视动漫项目的补贴项目。2019年，文化和旅游合并为文化和旅游部，江苏省文化和旅游厅设立了《江苏省文化和旅游发展专项资金》，明确规定“省文化和旅游厅主办、承办或联办的各类文化和旅游（文物）活动。包括：文艺展演（展览）、文化惠民活动、群众文化活动、节庆活动、文物展览、非遗展示、对外及港澳台文化和旅游交流、境内外文旅展会、境内外旅游推广活动等”①。2019年后，江苏文旅厅不再将动漫作为独立项目进行补贴。纯粹的影视动漫项目难以得到扶持。从江苏动漫产业相关扶持政策的变化来看，动漫产业的发展依赖补贴、依靠政策扶持的时代已经过去，动漫产业的发展还需要更多社会资本的投入，真正走市场化主体的道路，在向国外优质企业学习和与之竞争的过程中提升自身竞争力。

---

① 江苏省人民政府办公厅、江苏省财政厅、江苏省文化和旅游厅：《关于印发〈江苏省文化和旅游发展专项资金管理办法〉的通知》，http://www.jiangsu.gov.cn/art/2020/8/5/art_64797_9351984.html。

第十一章　数字音频产业的有声读物传播现象

有声读物的基本形态是“文学内容+声音表现”，它是创作者利用声音这一媒介形式来传播文学性内容的方式，其传播对象主要是文学性作品，既包括小说等文学类型，也包括电影剧本、话剧剧本等，但不包括口播性新闻内容。有声读物的历史可以追溯到1933年，W. 布林克提出了“广播小说”的概念，并将其纳入了广播剧的范畴。

有声读物的发展得益于广播，早期的广播文学作品是最主要的有声读物，包括广播小说、散文、广播剧、影视录音剪辑、评书等。在有声读物发展初期，广播听众最喜闻乐见的是名家名篇的欣赏和解读，播讲者以专业的播音员或戏剧演员为主。进入互联网时代后，有声读物的制作形式发生了一些变化，一部分声音爱好者开始创作有声读物，甚至成立一些民间性、公司化的声音小组进行有声读物创作，创作的内容也不再局限于经典名篇名作，而是寻找一些更受青年人喜爱的流行文学，一些创作工会和独立制作人还对海外一些优秀的影视动漫作品进行二度声音创作，播出一些有声动漫读物。例如由国内著名配音团队729声工厂制作的广播剧《三体》大获成功，2022年1月19日，经过超两年的连载更新，《三体》广播剧以1.1亿的播放量和9.6分的高评分在喜马拉雅圆满收官，成为全网播放量最高的科幻广播剧。[①]

一、互联网普及初期有声读物传播的时代特性

从传统广播收听到互联网时代的数字音频播放，有声读物在内容制作和传播方面发生了诸多变化。在互联网普及初期，因免费获取、海量信

① 黄永进，《三体》广播剧以1.1亿播放量圆满收官，获得9.6分超高评分，极目新闻，https://www.ctdsb.net/s120_202201/722632.html。

息、缺乏监管等带来了互联网平台的传播内容不同于传统媒体传播的独特属性，特别是在网络有声读物发展的初期，因为规范性差和产业化程度低，有声读物市场的发展出现了一些先天的不足和发展弊端，具体表现如下。

（一）自发性

我国有声读物的发展始于20世纪90年代，最初以MP3的格式存在，生产有声读物的公司主要是鸿达以太、北京新华金典等，当时有声读物的影响力还很有限。互联网初步兴起后，有声读物借助互联网的传播得到了快速发展。这一时期有声读物的创作者主要有两类：一类是专门从事有声书制作的媒体公司，它们通过邀请一些专业播音员来完成热门文学作品的声音化转化；另一类是网络上从事有声读物制作的创作者，他们大多属于发烧友或者单纯的爱好者，出于对声音艺术的喜爱，或者是对某些类型文学内容的喜爱，进而选择用声音来表现。自发性创作的一个重要特点是有非常庞大的网民队伍进行有声文学创作，在互联网技术的支持下，自发性创作的有声读物在量上得到了快速的增长。但是，这种创作方式往往也存在阶段性特点，大部分创作者在初期的热情冷却后，又快速离开了这一个领域，兴趣发生转向。自发性创作还有一个重要特点，就是作品品质的不可控性。虽然网络上有着海量的有声读物，但是大多数质量不高，且许多创作者并未经过长期的声音训练，对有声读物制作的认识也不足，因此无法制作出高质量的作品。在发展初期，由于竞争激烈且无序，一些网站甚至出现了涉黄涉暴的内容。例如，"'动听中国'为追求经济效益，于2008年初推出了新栏目'激情夜话'，发布了大量的情色有声书，并捧红了声优主播叶倩彤。2009年初，警方相继抓获了'动听中国'网站总经理龚鸣以及技术部门负责人张悦、刘庆，音频播音叶倩彤等人"①。甚至在一些网络有声读物中还存在着大量侵权行为。许多播放有声读物的平台也缺乏对版权的监管，放任创作者用声音对文学性作品进行二次加工。有的平台为了规避版权可能产生的纠纷，会在网站中标明："所有章节都由

---

① 熊辉：《声音的回响：中国网络音频发展简史》，《互联网经济》2017年第7期，第94页。

网友提供发布，本站不参加任何原创录制工作。”近些年，随着网络作品版权保护意识的加强以及对一些网络侵权案例的宣传，一些社会影响力比较大的语音平台对网友上传的作品会进行监管，加强对内容的审核，要求内容上传方提供相应的版权方授权证明材料。但与此同时，网络上的随意下载传播等已成为近些年新的侵权行为，一些有声读物本身的版权得不到保护，因此，有研究人员呼吁：“在版权保护方面，除了要重视对原作者的版权保护，也要重视有声读物本身的版权。有声书在制作过程中融入了大量创造性思维，是智力劳动的结果，然而我国对有声书的二次上传、盗录、修改等问题的发现和处理机制尚未完善，参差不齐的内容、猖獗的盗版现象是制约有声书市场良性发展的重要因素。”①

（二）弱营利性

大多数网友及有声读物爱好者在网络上上传语音作品并没有明确的商业目的，更谈不上有清晰的商业规划，他们制作有声读物或者是自娱自乐，或者是在一定范围内与好友分享，也有部分制作者是出于工作需要，需要在网上建立自己的有声读物资料库。这些声音作品制作者的创作并不带有多少盈利目的，即使部分作品在网上受到关注并可能变现，创作者也不会都转向纯粹的商业化制作。

造成网络音频作品弱营利性的原因很多。第一，制作者本身的主动性不足。作为一种可变现的商业模式，有声读物如果要最终转化成营利性作品，必须先在市场引起足够的关注，能够按照市场的需求持续不断地进行更新，而且要保证作品的品质相对稳定，这对于最初出于好玩和娱乐目的的音频制作者来说是难以达到的，因为制作者本身并没有非常强的变现意识，也没有持续的创作动力。第二，作品质量的不稳定性和不确定性。因为大多数有声读物爱好者并未接受过非常系统的声音表演训练，也没有相对专业的制作环境和制作队伍，因此，制作者上传的有声读物大多品质不好，即使是少量有一定水准的作品，但由于缺少专业团队的制作和包装，往往也不能形成持续稳定的品质。这些作品中有的因切入点巧妙或表现形

① 刘一鸣、高玥：《人工智能语音在有声读物中的应用研究》，《出版发行研究》2019第11期，第36页。

式独特，能获得短暂的关注，但是因为缺乏连续性，很难实现对网络听众的稳定把控，进而无法培养具有忠诚度的听众。第三，网络听众的分散性。对于有声读物的制作者而言，网络上的听众群体无限广阔，又难以聚焦。中国互联网络信息中心（CNNIC）在2024中国国际大数据产业博览会“智能经济创新发展”交流活动上发布了第54次《中国互联网络发展状况统计报告》（以下简称《报告》）。《报告》显示，截至2024年6月，我国网民规模近11亿人（10.9967亿人），较2023年12月增长742万人，互联网普及率达78.0%。[①] 尽管在数量上有声读物在我国市场的潜力非常大，但是，一方面，面对分散化的网络环境，要找准受众群体却非常难，这就使得多数音频爱好者无法通过内容的设计掌控好自己的受众群体；而另一方面，没有一定规模的用户群，投入到网站中的有声读物也很难变现。

（三）低约束性

除了一些大的网站和音频App具备内容审查能力外，大多数网络平台往往缺乏这种能力，对用户提供的内容往往只做提醒，而非强制审查。在这一点上，视频类网站的审核更加规范，其内容审查相对也更加严格。而音频审查目前还处于相对较弱的阶段，播出平台往往是在相关内容被投诉或举报之后才会进行紧急撤架处理。而且一些提供音频内容播出的网站和平台为了吸引更多流量，有的时候也会睁一只眼闭一只眼，默许一些打擦边球的内容出现，甚至一些内容低俗、涉黄、涉暴的作品放行，以达到吸引受众眼球的目的。而有声读物制作门槛低的特点也使得这一类作品更容易制作，即使被下架也不会带来多少损失，违法成本相对较低。针对这种乱象，近些年国家相关部门加大了打击力度。2019年6月，国家网信办发布《国家网信办集中开展网络音频专项整治通知》，其中提到，“经核查取证，首批依法依规对吱呀、Soul、语玩、一说FM等26款传播历史虚无主义、淫秽色情内容的违法违规音频平台，分别采取了约谈、下架、

---

① 《我国网民规模近11亿人　互联网普及率达78.0%》，http://finance.people.com.cn/n1/2024/0829/c1004-40308681.html。

关停服务等阶梯处罚，对音频行业进行全面集中整治”①。处罚决定对网络中的有声读物制作市场进行了规范，有效地遏制了低俗、违法音频内容的传播。

（四）快速迭代性

在互联网传播时代，内容产业面临的一个重要问题就是迭代，有声读物制作者同样要面临这样一个问题。在互联网产业中存在着摩尔定律，摩尔定律由戈登·摩尔（Gordon Moore）提出，指当价格不变时，集成电路上可容纳的元件的数目，约每隔 18 ～ 24 个月便会增加一倍，性能也将提升一倍。同样地，在互联网的内容产业领域，快速迭代成为一种常态，它比生活中的流行季转换得更快。霸总小说还方兴未艾，新的 AI 语音读物就已经成为各大网站的新宠，高频次的更迭，快速的内容转换，让没有专业背景的音频爱好者在互联网市场难以站稳脚跟，大多数网络热门有声读物的制作人员或者退出互联网平台，或者被第三方专业公司收编，进入专业化制作序列中。

可以看到，互联网音频时代给有声读物类音频产品和喜欢从事有声读物创作的人提供了一个舞台，让喜欢有声读物的听众可以听到不同类型的声音作品，甚至可以免费地获取。这一阶段的出现为有声读物从传统广播媒体走向大众、走向广阔的市场空间提供了一个无限宽广的舞台。然而，这种短暂的繁荣并没有带来互联网音频市场长期的快速增长，互联网有声读物在经历短暂的热潮之后，随着资本的进入和市场的优胜劣汰，传播的内容、创作的群体等都在不断地整合和消亡。一些在网络中崭露头角、小有名气的主播和声优走出工作室、走出传统广播台的配音间，走向了互联网平台，网络上的一些热门播主逐步被新的音频制播机构收编，开始走向更专业的创作之路。综上，互联网音频产品，特别是有声读物市场的发展，经过早期的野蛮生长、一片繁荣，到逐步规范，走向细分领域。在这个过程中，大部分的有声读物爱好者逐渐退场，一批专业化的平台在资本的助推下开始在网络有声读物市场竞争中脱颖而出，具有特色的声音素人

① 《国家网信办集中开展网络音频专项整治》，https://www.gov.cn/xinwen/2019-06/28/content_5404314.htm。

被包装成新的声音博主甚至成为网红。围绕新晋网红的商业化推广和包装也同步展开，互联网平台通过不断发展壮大，逐步建立了自己的品牌优势，一些优质数字音频平台凭借资本等优势因素加持，更容易获得品质更好的声音作品。“资本 + 品牌 + 品质”成为新的声音媒体属性，只是不同于由国家和省市区广电系统主管的传统广播媒体，新的网络平台并不是免费提供内容，大部分高品质的有声读物需要通过付费或者注册会员等形式来获取，经过互联网时代的狂欢之后，有声读物最初的广播听众重新被聚拢到新的资本支持下的音频平台，如蜻蜓 FM、微信读书、喜马拉雅等。

二、资本支撑时代有声读物市场的新秩序

2021 年，艾媒咨询发布了《中国在线音频行业产业图谱分析》，从版权内容、内容生产、技术研发、音频播放平台、应用终端等多个领域构建了当下的在线音频产业谱系，这个谱系与本书所探讨的有声读物有着许多重合和相似之处，可以帮助我们对资本支撑时代有声读物产业做分析。（如图 11.1）

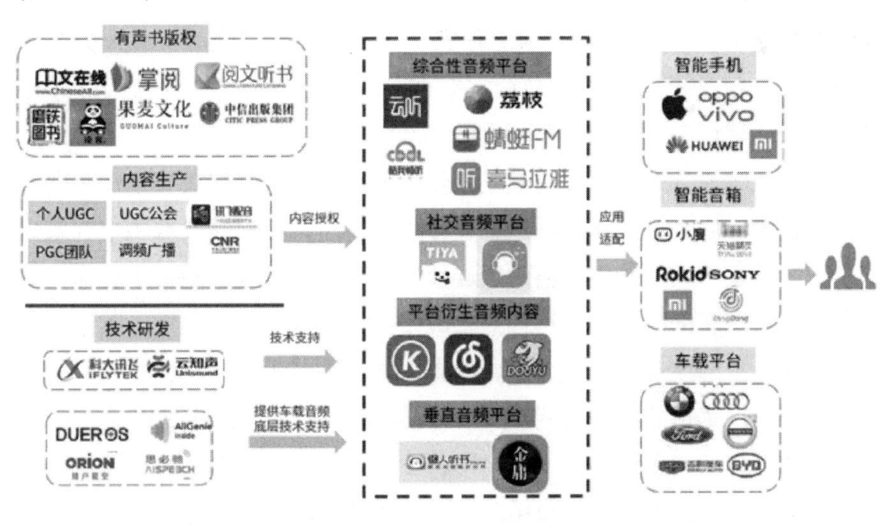

图 11.1　中国在线音频行为产业图谱

（资料来源：艾媒咨询《2021 年中国在线音频行业发展及用户行为研究报告》，https://www.iimedia.cn/c400/82048.html）

喜马拉雅成立于2012年，成立12年来，喜马拉雅共进行了12轮融资，从2012年天使轮，到2021年4月赴美IPO之前进行的E4轮，合计融资近百亿元。此后至今，其再未进行新的融资。喜马拉雅在天使轮融资后的估值为345万美元，在E4轮融资的投后估值达到43.45亿美元，折合人民币超过300亿元，较天使轮增长了1259多倍。其最大的一笔融资是2020年的E2轮，合计募资5.57亿美元。[①] 2021年11月，蜻蜓FM宣布新一轮融资，由中文在线领投，战略股东有小米、瑞壹投资等，而仅在半年之前，蜻蜓FM获得了微木资本领投的F轮投资；2021年1月，荔枝App宣布获得了5000万美元的D轮投资，由老牌基金兰馨亚洲领投，EMC跟投。在资本的加持下，喜马拉雅等综合音频平台的市场开拓能力和内容业务生产能力已经远远超过了传统媒体的运营模式。一批优质的电台主持人、自媒体有声读物主播陆续签约移入新的音频平台。2018年10月，《爆笑鬼差》的主播幻樱空签约喜马拉雅，并成为年度收入超过百万元的十大主播之一。2018年另一位热门主播伍壹加盟喜马拉雅，并成功策划了《大剑神》《盘龙》等作品，成为又一个年入百万、粉丝超百万的热门主播。随着平台的影响和资本的推动，一些名人也相继加入了头部音频平台。2021年，著名作家红学研究学者刘心武入驻喜马拉雅平台，解读经典名著《红楼梦》，香港著名作家、文化评论家马家辉带着他的普通话博客《衰仔日记》登录喜马拉雅平台。众多领域的名人纷纷入驻蜻蜓FM平台，推动了高质量付费音频内容模式的发展。

如上文所说，在有声读物领域，资本入局带来的直接效果是优质内容的快速积聚，原来分散在不同声音媒介中的作品和主播被快速积聚到新平台中，这一点突破了传统广播的地域性媒体特征——发射功率小和地方服务性。进入互联网时代，网络传播打破了广播传播的地域和空间限制，优质资源在资本的驱动下，汇聚到新的媒体展播平台中，同时，在新的传播方式中，门户菜单式的资源呈现形式代替了传统广播媒体的线性收听模式，在音频网站扁平化的资料清单中，收听者能根据自我的喜好来选择对应的内容，收听的方式更加自由和自主。从被动收听转向主动选择，有声读物除了在广播时代的伴随功能外，在移动互联技术支持下，功能更多

---

① 杨亦静：《1亿人撑起一只IPO！单田芳郭德纲迪斯尼加持…巅峰估值300亿！喜马拉雅能否如愿上市?》，https://www.stcn.com/article/detail/1195898.html。

元，听众更多的是收听自己喜好的内容。在偏好式的收听模式下，一方面，用户会选择内容。在选择的过程中，收听模式也并非完全的线性收听，而是可以通过加速、片段性选取、重复收听等方式来接受，听众可能会对精彩段落反复收听，甚至将对这一作品的喜爱延伸到播讲者其他的作品中，进而形成更多横向的连接。另一方面，用户会借助互动平台等对内容进行反馈，这种反馈既可以是个体的收听感受，也可以是对其他听众的留言产生的共鸣。

三、有声读物发展呈现的新形态

有声读物作为声音创作产品，随着产业的深化还会进一步发展，将延伸到更为广阔的领域，成为人们日常生活的一部分。但是，无论它如何发展，它的根本属性中特有的审美模式不会发生变化，“变与不变”恰好概括出了未来有声读物发展的特征。

（一）有声读物的应用场景转变

随着有声读物在日常生活中的功能性需求越来越多，有声读物将逐步摆脱现在的广播调频、互联网以及手机端音频 App 等渠道，随着物联网技术的进一步发展，与我们现有的家电以及各种新型智能化设备融合到一起，成为人们日常生活的一部分。作为一种娱乐手段，有声读物也会在未来元宇宙空间成为服务内容之一，而且，随着可穿戴技术的进一步发展，音频内容接受和展示终端类型也会更加便捷和多样，当下汽车导航语音、智能机器人的语音对话等都可以进入可穿戴领域，成为人们日常生活的语音助手。因此，未来有声读物的第一个变局来自应用场景之变，未来，人工智能语音助手将更多地融入人们的生活中，成为每个人的语音助手和生活伙伴，特别是借助于新的技术支持，同声传译、情绪抚慰、声音诊疗等都会从实验室走入日常生活中。

（二）有声读物的沉浸方式转变

在视频领域，人们借助技术的进步，实现了多屏融合、裸眼 3D 等，让观看者更加身临其境地感受影像的魅力。但是视频展示的最终形态依然是屏幕或者类似屏幕的介质，其本身仍是平面的，其构筑的方式也仍只是给人一种立体的空间感受，作为自然人，并不能进入真正的三维世界。而声音却不同，声音的传播方式是借助空气中的声波，声源与接收者之间的物理空间会影响声音的传播效果，在声音接受环境中，接受者是被声音包裹着的，特别是在多声道技术以及高保真技术的推动下，在声音接受的声音场中，接受者不仅是身临其境，而且会产生真实的现场感受。当前的有声读物市场大多借助移动终端或电脑端，立体声效果并不明显，听众对有声读物内容的沉浸感也不强，而随着声音接受环境的变化，未来有声读物可提供的声音沉浸性特征将更加突出，听众与声音源的互动可能也会更加便捷。

（三）有声读物付费将成为常态

互联网时代带来的最大福利就是资源的海量化和免费化，许多网络用户多年来已经习惯了免费下载、免费收听，但随着爱奇艺、腾讯视频等视频网络平台开始推行 VIP 模式或者超级 VIP 模式等，付费越来越普遍地出现，新一代的网络用户，特别是移动互联网时代的网络用户，对付费这一模式也越来越适应。在视频领域，免费用户不仅要接受更多的广告插入，还要接受大部分优质作品进入付费行列的现实。今天的消费者，特别是移动互联网时代的消费者，大多数时候都是使用碎片化的时间接受信息，等待、延迟审美甚至被打断等体验对他们来说是难以忍受的，因此，接受付费特别是为高品质内容的付费成为一种趋势。在有声读物 App 领域，微信读书、喜马拉雅、考拉 FM 等都在通过培养用户的付费习惯来实现有声读物真正的市场化运营。付费模式的常态化带来的是有声读物市场的规范性和服务质量得以提升，依托大数据分析，平台可以根据用户喜好提供更为专业的服务。在未来，随着付费模式的普及，用户将可以获得更好的声音产品服务，而有声读物内容制作领域也将在基本及付费用户的资金支持下获得更大的发展机会，一些类似于喜马拉雅的音频超级内容制作巨头会出现，而且将形成依托音频内容产业核心的上下游产业链集群。

四、文学“收听”需求驱动有声读物产业进一步深化

（一）人类文学“阅读”模式的演进

文学作为人类文化发展的沉淀，是人类精神财富的延续，其史学、美学、科学和哲学的价值都非常高。在对文学内容的欣赏上，最早的接受方式就是“听书”，古希腊诗人荷马就是一位行吟诗人，在他的讲述中，我们了解了古希腊的灿烂的文明；中国古代的“瞽”是一种说书人，伴着乐器演奏，他们向帝王、贵族讲述人间百态。说书、听书作为文学作品传播的一种重要方式一直延续至今，为文学作品审美的普及做出了重大贡献。特别是在普通人文化水平低、还存在阅读障碍的时候，收听是一种获得娱乐、掌握信息的最直接的途径。欧洲启蒙运动后，得益于大学等多类型教育形式的支持，大众的文字阅读能力得以提升。特别是印刷术传播到欧洲后，文字阅读让文学可以以更为直接的方式进入大众的日常生活。

进入20世纪，在图像日益丰富的时代，人类的文学阅读发生了一次新的变化，特别是传统文学作品被改编成了电影、电视剧，人们通过视频阅读的方式获得了文学的审美感受。在中国电视剧历史上，《三国演义》《红楼梦》《西游记》《水浒传》等名著作品被改编成电视剧作品，多次重播，成为几代人了解名著最直接的方式。采用传统纸质图书阅读方式的读者逐渐变少，大众每年的阅读量也进一步受到影响。2020年4月20日，第十七次全国国民阅读调查报告发布，数据显示，“2019年中国成年公民的综合阅读率为81.1%，较2018年80.8%提升了0.3个百分点，需要注意的是，成年国民人均纸质图书阅读量为4.65本，略低于2018年的4.67本。人均电子书阅读量为2.84本，较2018年的3.32本减少了0.48

本”①。进入移动互联网时代后，文学阅读借助电子书以及微信读书等平台再次获得了生机，特别是网络文学的兴起，通过网络传播和意见领袖的推荐，一些文学读物拥有了大量的忠实阅读者。然而，随着网络视频的兴起，特别是5G网络的普及和视频流量资讯费用的下降，抖音、快手等平台得到了快速发展，大量的短视频借助大数据技术和人工智能算法实现了针对用户的精准推送，用户的视频浏览黏性越来越强，互联网用户使用电子书进行文学阅读的时间也被进一步挤压。今天，有声读物成为人们接受文学的新方式，随着播放终端的变化，每一个人都可以更加便捷地收听到自己感兴趣的文学内容。综观人类的文学阅读历史，从“读书”到读“电子书”，再到听“有声书”，“阅读”的形式在新的时代环境中不断演进。

（二）儿童教育领域成为文学“收听”的理想场景

进入移动互联网收听时代，有声读物等数字音频产业依托高质量内容和个性化服务将在一些领域保持持续增长，特别是儿童教育与有声读物相结合，正在形成快速发展的新产业群。“把知识压缩到声音里”成为新媒体时代文学传播的有效途径。在有声读物的产业矩阵中，儿童教育市场的刚性需求为有声读物的发展提供了强有力的推动力，在这一领域出现了有利于产业稳定增长的以下几个关键因素。

1. 付费习惯

在儿童教育领域，为了更好地追求优质资源，今天的父母们更愿意为知识付费，正是在这种推动力的支持下，许多优秀的媒体人转战有声读物市场，担负起儿童有声读物制作者的重任。例如，《凯叔讲故事》是2014年上线的一个有声读物品牌，主讲人是原央视主持人王凯，曾担任过多部电视剧和电影作品的配音。《凯叔讲故事》通过童话、寓言、名著、历史故事、科普知识等，向儿童提供精彩的声音内容。截至2022年，“凯叔讲故事”App累计播出30000+种儿童音视内容，全站总播放量超过145亿

① 《2019国民阅读率：成年略有下降 未成年人有所提升》，https://m.gmw.cn/baijia/2020-05/21/33846379.html。

次，用户平均收听时长达到70分钟，总用户超过6000万。[①]

相较于在其他领域的应用，儿童教育市场对有声读物的需求更大、付费意愿更强烈，究其原因，有声读物的传播方式属于听觉传播，出于保护孩子视力的目的，一些家长更愿意将儿童的视线从电子产品上移开，以声音情境的方式提供给儿童有效信息。根据美国有声出版商协会的统计：67%的听书消费者选择听书是为了减少阅屏时间。家中有17岁以下孩子、孩子选择听书的家长数量比例从2019年的35%增至49%。[②]

2. 家庭化场景

在当前的智能家居机器人市场，销售最好、市场认可度最高的仍然是具备家教功能的语音辅助机器人，除了简单的交互问答外，这些人工智能设备主要是为儿童提供有声教育信息，包括诗词、有声小说、情景广播剧等，从早先的点读笔到现在家庭中的“小米音箱”“天猫精灵”等终端，提供更加智能化的音频服务，特别是为儿童提供高品质的声音内容，是这一类产品的核心功能。相较于初期的简单播报式的点读笔，现在的智能设备在网络和人工智能技术的加持下，连接起了家庭的多样化设备，组建了家庭物联网，进而能成为人们的生活助手。

（三）与传统阅读的融合和互补

有声读物在互联网和移动互联网的推动下，重新焕发了生机，形成了快速发展的态势。在今天的互联网时代，有声读物并非只停留于线上的发展模式，与线下实体书店的结合成为有声读物发展的新方向。在美国等数字图书发达的国家，在互联网传播和数字技术的加持下，大量的线下图书馆开始数字化转化，据统计，目前“95%的美国图书馆已经具备数字馆藏，音频内容已经成为图书馆核心的部分”[③]。在我国，近些年，一些实体图书馆、书店也将数字化转化作为重要的发展方向。在全国连锁线下书店中信书院内，有声读物试听装置成为读者的新宠，读者在书店通过试听

---

① 《凯叔讲故事》，http://upimg.baike.so.com/doc/7890041-8164136.html。

② 渠竞帆：《儿童听书意愿和需求增强，英美有声书市场持续增长》，《中国出版传媒商报》，2021年8月31日。

③ 《探秘国际有声书市场产业现状及发展前景》，https://www.sohu.com/a/75544300_362133。

图书选段，获得最初的阅读体验后再决定是否购买纸质图书。通过试听模式，中信书院建立起了庞大的声音阅读读者库资源，根据公布的数据显示：2021 年读者在中信书院的有声产品收听、付费数据较 2020 年均有所提升，同比增长 30%。同样，北京朝阳图书馆也通过引入喜马拉雅资源，在馆内设立了有声读物收听区，提供了 5 万余个、279 万小时的专辑数据，给用户提供专门的听书体验。[①] 有声读物在实体店出现与现有的实体店图书阅读和销售并不矛盾，作为一种便捷的体验方式，消费者可能会在有声读物的带动下增强购买图书的意愿。2022 年，全国人大代表、中国作家协会副主席、复旦大学中文系教授王安忆在小组讨论中提出的“新书前半年只在实体店销售”建议引发热议。[②]

（二）制作技术的发展将带来文学收听体验的变革

随着人工智能和文本语音转换技术的发展，有声读物的播讲主体也在悄悄发生变化，人工智能将有可能成为未来文学传播的重要方式。例如，喜马拉雅珠峰语音实验室可以实现每分钟 3000 字的文语转换速度，有声产品就能够在很短时间内完成从制作到上架的全过程。[③] 在当前车载导航中得到广泛应用的名人语音播报的模式同样适用于文学有声读物的创作。在技术的不断推动下，当下人工智能辅助阅读带来的顿挫感、僵硬感体验会逐步缓解，更接近真人的播讲方式的人工智能模式会让有声读物的收听体验更好。以“微信读书”为例，2015 年，“微信读书”上线，通过免费阅读以及好友分享等模式快速积累起大量的手机阅读用户；2018 年，微信开发了“微信听书”功能，通过人工智能技术实现文学的有声化传播，将读者转换成听众；2020 年 12 月，基于读者对收听的需求，腾讯推出了“微信听书”功能，丰富了收听途径。除了在商业化领域的应用外，人工智能播讲的有声读物在视障人士群体中的公益性应用效果也在逐步显

---

① 《有声行业市场在悄然蜕变　活跃用户规模已达 8 亿人次》，https://baijiahao.baidu.com/s?id=1728805907763604592&wfr=spider&for=pc。

② 《专访王安忆：支持实体书店　拥抱有声小说》，https://www.chinanews.com.cn/m/cul/shipin/cns/2022/03-10/news919484.shtml。

③ 付锐涵：《剔除“杂音”，有声读物更“好听”》，http://edu.people.com.cn/n1/2024/0914/c1006-40320193.html。

现，国内已出现了以公益服务为目的的人工智能有声图书馆，借助公益组织的推广，将人工智能播讲的有声读物提供给全国的视障人士，收到了良好的社会效益。“凭借早期积累的大量视障人士的需求反馈，比如说阅读速度、情感层面，微软和红丹丹联合打造的有声书已经能做到像真人在朗读，而不是过去冷冰冰的机器声音，更易于用户对场景的代入。”①

有声读物作为当下数字音频领域的一支主力军，焕发着强大的生命力，特别是在移动互联网时代，借助音频 App 等便捷的手段，与人们的日常生活紧密相连，成为理想的伴随性影音产品。今天，当众多媒体都在想方设法开发和争夺大众注意力的时候，开发真正可以到达并能让大众接受甚至习以为常的媒介渠道并不容易，包括审美需求满足、认知需求满足、内容品质满足、情感交流满足等在内，大众对接受内容的需求越来越多了，也越来越高了。随着元宇宙等新的媒介应用场景的出现，以文学审美为基础的有声读物作为声音媒介传播的独特内容在未来还有很大的发展空间，还会与更多生活、学习、工作场景产生连接，满足不同的年龄段受众的多样化需求。

---

① 桑明强：《7×24 小时无间断合成有声书，语音 AI 能让有声内容生产成本降低多少?》，https://www.sohu.com/a/347168237_116132。

第十二章　配音秀产业的发展

一、网络平台创意配音的兴起

在电影从无声进入有声阶段后，配音这一工种应运而生。相比于现场的收音，后期配音更加专业，配音人员的音色更加丰富多元，特别是一些电影，需要进行跨文化交流，将一种语言转换成另外一种语言，这些都离不开配音演员的工作。

在我国影视市场上，译制片一直是一个重要的类型，国外许多知名的电影、电视作品在国内优秀配音演员的二次加工下，焕发了新的生命力，形成了鲜明的声音性格，进而在国内赢得了良好的口碑。例如，老一辈著名配音演员刘广宁参与配制的《望乡》《叶塞尼亚》《尼罗河上的惨案》《大篷车》等作品脍炙人口，为我国观众塑造了一个个清新甜美的经典国外女性角色；童自荣配制的“佐罗”这一角色更是深入人心，让我国观众快速接纳了这位来自异域他乡的侠客形象。在动画片领域，李扬为《米老鼠和唐老鸭》中唐老鸭的声音塑造成为时代经典，他独特的沙哑嗓音也成为一代人的声音记忆。近些年，一批新生代配音演员凭借独特的声音和娴熟的声音驾驭能力，塑造了许多新的经典荧幕形象，特别是电视剧领域，如季冠霖在《甄嬛传》中甄嬛的声音塑造，谭笑在《熊出没》中的光头强的声音塑造，等等，配音作为一门独特的影视艺术类型，越来越得到社会的认可。一些电视台和视频门户网站等自制了一些以配音为主要内容的节目，如湖南卫视推出的《声临其境》、哔哩哔哩推出的《我是特优声》等，引起了广泛关注，让人们更积极地关注“配音”这个行当。

随着互联网的兴起，配音这样一种表现形式也被更多爱好者当作表达自我的方式，一些幽默、诙谐、犀利的网络配音作品开始在网上爆红，网民们相互分享，传递着快乐。最早一批被关注的配音作品，其实是来自媒体内部的一些宣泄性的、个性化的创作。2001 年，在大多数普通人还需要到网吧“冲浪”的时候，北京电视台的卢小宝等人制作了《大史记》系列无厘头搞笑视频作品，也被称为“恶搞”作品，通过将一些经典电影的片段进行剪辑，重新配音，形成画面内容和台词强烈的反差，产生了喜剧效果。在这一时期，也只有电视台等媒体机构才有相应的专业水准来完成对大量电影素材的混剪。当这样一种无厘头甚至带有自嘲性的作品经网络传播迅速火起来之后，很多网友也开始制作一些简单的搞笑配音作品，“恶搞”之风一度在网络上盛行。2005 年，一个名叫胡戈的网民恶搞了当年的一部电影《无极》，取名《一个馒头引发的血案》（以下简称《血案》），该作品 2006 年初在网络上迅速蹿红，之后《无极》的导演陈凯歌起诉了创作者，胡戈正式道歉，由此人们开始关注这一类网络视频的伦理问题，网络恶搞视频创作的风气逐步平息。这一时期，网络配音的混剪视频大多是零散的、根据个人喜好的即兴创作，作品的质量参差不齐，有的作品偶然抓住了网络卖点，就一下子成为热门下载视频，但之后也难以有新的高质量作品跟进，所以大多数创作者在网络上热闹了一阵后也就消失了。究其原因，主要还是这些作品的创作缺少团队的支撑，没有持续地推出作品，在这样一个不断推陈出新的网络平台难以长久生存下去，最终只能被网络新的热点所替代。

2000—2010 年，10 年时间，互联网的技术手段得到了快速提高，网络速度得到了快速提升，网民数量也达到了一个新的高度。根据 2011 年初中国互联网信息中心（CNNIC）发布的《第 27 次中国互联网络发展状况统计报告》显示，“截至 2010 年 12 月底，我国网民数量规模达到了 4.57 亿，互联网普及率攀升至 34.3%，较 2009 年提高 5.4 个百分点，我国手机网民数量规模达到 3.03 亿”。截至 2010 年 12 月底，中国互联网平均连接速度为 100.9KB/S，也就是 0.81Mbps，远低于全球平均连接速度 230.4KB/S（1.84Mbps）。[1] 网民的增加、网速的提升助推了视频类内容的制作和传播，特别是一些短小而又选题新颖的视频类作品成为手机端的新宠。2010 年，在世界杯、冬奥会和亚运会等一系列重大赛事的推动下，手机视频业务成为各大运营商角逐的重要战场。根据易观智库发布的数据

---

① 陈方：《“速度与价格”考验中国网络未来》（人民日报海外版），https://www.chinanews.com.cn/m/cj/2015/04-18/7216337.shtml。

显示，2010年中国手机视频市场规模达到了6.81亿元。[①] 短视频，特别是适应手机端的短视频内容越来越受到关注。也是在这一年，有两个与视频配音相关的团队相继出现，并逐渐在网络上引起了关注，这就是“淮秀帮”和“胥渡吧”。“淮秀帮”是杭州的一个配音团队，“淮秀”这两个字借用了赵雅芝在另一部电视剧《戏说乾隆》中扮演的角色程淮秀的名字。他们通过改编《新白娘子传奇》等经典影视作品，以酷似原声的方式进行创意配音，以当下热门话题和事件为题材，通过节选《新白娘子传奇》中的片段，对剧中人物重新配音，制作出幽默风趣的剪辑视频。在这个群体中，有喜欢配音的，有喜欢剧本创作的，通过贴吧、论坛，他们一起分享，一起创作，这些都是利用业余时间进行的，创作的作品很受网民的喜爱。从2011年开始，“淮秀帮”开始为CCTV、湖南卫视、安徽卫视等多家电视媒体制作宣传片；2013年，开始为电影制作贴片预告片，走入了商业院线。

与“淮秀帮”同时兴起的另一个网络创意配音团队是“胥渡吧”。“胥渡吧”是以创始人胥渡的名字命名的，2010年因推出《新白娘子传奇》《还珠格格》系列创意配音作品而走红网络。在创作成功后，2014年12月，“胥渡吧”登上《我要上春晚》舞台，成功晋级，获得“羊年春节元宵晚会邀请函”；2016年，“胥渡吧”参加湖南卫视《快乐大本营》录制。

从最初的因兴趣组成的民间团队，到进入商业化运营变成网络媒体内容制作的专业化团队，这一时期的配音创意团队在创作形式上与早期的“恶搞”并没有根本的区别，甚至在一定程度上还失去了早期作品的犀利。然而，相对于早期的单纯恶搞、带有强烈个人色彩的创作形式，创意配音团队已经抛弃了单纯的“恶搞”模式，而是将影视混剪与创意配音相结合，以一种新的创作形式来进行可复制、连续性的生产。与早期纯粹混剪和搞笑配音相比，新的作品在质量上更高，参与配音的角色往往能够做到与原作在声音上形似和神似相统一，不仅说话的声音与原作人物的声音相似，而且对角色的理解和把握也更加准确，结合富有创意的剧本设计，作品带给观众的视听冲击力更强。借助网络的超高浏览量，团队在作

---

① 古晓宇：《2010年中国手机视频市场规模达到了6.81亿》，https://www.cctv.com/stxmt/20110307/107628.shtml。

品创作中逐步加入了商品推广的信息。

创意配音团队是互联网特别是移动互联网发展的背景下诞生的，它的出现在于“恶搞”这一草根创作群体在创意方面向商业化、主流化制作的回归。尽管在“淮秀帮”“胥渡吧”的作品中还有着大量嬉笑怒骂、针砭时弊的创作内容，但是从创作动机来看，新的配音创意团队的创作就是为了能够得到主流网络媒体的认可，并从快速发展的互联网产业中分得一杯羹。在这里，创意配音只是一种形式、一种载体，针砭时弊、嬉笑怒骂是表达技巧，在风格化的创作中，这些配音创意团队构建了自己的发展生态模式，培养了大量忠实的粉丝，搭建起了较为稳定的商业合作关系，并围绕这样的模式不断扩容，批量化生产，最终形成一种网络视频的类型。

从卢小宝的《大史记》、胡戈的《血案》到“淮秀帮”和“胥渡吧”的作品，这些作品的创作特色还是视频混剪，原创部分主要是串起视频内容的剧本以及新的配音内容。2006 年陈凯歌起诉《血案》的作者胡戈，起诉的内容之一就是《血案》侵犯了陈凯歌电影《无极》的知识产权，时任北京律师协会知识产权专业委员会副主任张永谊认为，胡戈的创作“侵犯了作品的完整权，这是著作权的内容之一”。尽管后来胡戈道歉，陈凯歌撤回了诉讼，但是这一事件带来了关于创意配音的混剪作品的一系列问题，“混剪＋创意配音”有没有侵权？“恶搞”作品不是个人的“习作”？它属于个体性作品还是网络传播的商品？“恶搞”类作品可以不可以成为一种网络视频方式存在并寻求盈利？2006 年，胡戈拍摄的《鸟笼山剿匪记》在网络播出，延续了之前混剪作品的喜剧风格，采用了真人演绎的形式来进行，然而这部作品获得的市场关注度并不高，演员出戏的演出，简陋的特效，作品质量远远低于观众的期待。虽然这部作品摆脱了侵权这一混剪类配音作品的核心问题，但是，群演的演出方式使作品的质量远低于网络电影和院线的电影作品，单纯的喜剧元素未能撑起作品。如今，胡戈作为早期混剪、配音相结合的自媒体创作者早已淡出了创意配音领域，而这个领域的人还在继续探索和实践。

二、电视台配音秀栏目的热播

随着真人秀节目在各大卫视综艺频道的热播，以配音为核心的真人秀节目也出现在舞台上，并成为新一轮收视的热点，其中比较有代表性的真人选秀节目包括《声临其境》《声演的力量》等。配音真人秀的核心内容是为影视作品中的角色配音，这本是影视创作的幕后环节，传统影视作品在完成摄制部分后，因为现场收音效果达不到播出的质量要求，所以需要演员后期根据画面内容重新配音，这样既可以使用原有的演员，也可以邀请专业配音演员来完成。除了传统影视作品外，一些动画片、译制片更是依赖后期配音演员的配音来完成。影视作品是声画相统一的艺术形式，画面来自前期拍摄和后期的特效处理，声音则主要来自后期的配音和合成工作，两者缺一不可。配音工作具有独特性和重要性，在我国影视发展史上也出现了一批非常优秀的配音工作者，例如，给《西游记》中的孙悟空、《米老鼠和唐老鸭》中的唐老鸭配音的李扬，给译制片《佐罗》中的佐罗配音的童自荣，给香港演员周星驰主演的影片配音的石班瑜，给《甄嬛传》中的甄嬛配音的季冠霖，等等，他们独特的声音特性和优秀的声音表现技巧，成就了这些经典艺术作品。

作为真人秀的一种，配音秀节目的开发具有很强的实验性，存在着一定的风险。以往配音最大的特点是非画面性的，它的环境典型，是演员在录音棚里在导演的指导下根据剧情去表现剧中的台词，画面感并不强，很容易与传统的广播剧相混淆。而作为一档真人秀配音节目，一方面，其诞生本身的现实逻辑在于观众的现实需求或者潜在需求。就配音而言，在当下的影视创作领域，某些演员特别是青年演员台词功底差，在剧组演戏的时候数数字，之后靠配音才完成表演，引发了网络上许多网友的讨论和批评，一些资深的专业演员也对这一类现象表达不满，斥责这些演员的基本功不扎实，只是凭借形象等外部条件走红，作为影视演员，“声、台、行、表”的基本功不扎实，这一类话题一度成为互联网搜索的热词。另一方面，配音作为一个独特的环节，许多配音艺术家为这个行业做出了巨大的贡献，大部分观众“只闻其声、未见其人”，对观众来说，配音及配音艺术家充满神秘感，观众也希望能在屏幕上看到配音的过程。

以《声临其境》为例，这是由湖南卫视 2017 年打造的一档展示声音魅力和配音艺术的竞演秀节目，由原央视主持人、著名自媒体人、《凯叔讲故事》的创办人王凯担任主持，节目每期邀请四位嘉宾同台竞技，第一季由王晓鹰、丁文山等担任评审专家团，与观众组成的大众评审团一起选出每期的“声音之王”进入年度声音大秀。2018 年 1 月，该节目正式开播，演员朱亚文获得第一季冠军。目前，节目已经播出了三季。第一季的播出获得了巨大成功，赢得了观众的认可，豆瓣评分达到了 8.2。然而，从第二季开始，收视和口碑开始下滑。作为一档声音类表演秀节目，节目的结构比较简单，主要以经典片段或者创意混剪为依托，邀请一些知名演员呈现配音过程，让观众可以感受到节目中的明星们表演之外的艺术表现力，这一种形式的出现给了大部分观众新鲜感，“让声音看得见”“让耳朵怀孕”“听了想恋爱”等评价都是观众对这一新形式的认同。但随着新鲜感的消失，节目模式中固有的不足体现出来了，如竞争性弱、竞技性不足、视觉内容单一等，叠加现有的节目的更新迭代、观众的注意力分散等情况，节目播出三季之后就停播了。

另一个节目《声演的力量》是由克拉克拉、漫播 App 联合出品的配音演员成长真人秀节目，在优酷平台播出。节目组选拔了 20 位新人进入训练营集中训练，由配音导师齐杰、陆揆担任节目导师，新生代配音演员钱文青担任助教。节目的出品方克拉克拉是一个声优直播互动平台，集聚了当下网络上许多热门的主播和声优，节目播出之后受到青年群体的关注，在青年群体中拥有较高的知名度。从该节目的设计结构来说，选拔培养 + 专业技能 + 竞争淘汰等构成了传统真人秀的基本框架，网络媒体的推广和青年受众的定位，也较好地打造了节目自身的特色。然而，节目内容本身的质量和节奏设计缺陷、节目嘉宾自身的影响力不足等因素导致节目播出后没有能达到预期的高度。

除此，各大卫视和互联网平台还有许多不同类型的配音秀节目，包括以配音为主体的《我是特优声》《配音达人秀》等。作为影视艺术的一个组成部分、影视制作的一个环节，配音通过卫视平台和网络平台逐步从幕后走向了前台，吸引了观众的注意力。然而，这种新鲜感过后，配音如何长久地在以视频为主体的图像时代获得关注，还有很多问题需要解决，还需要探索更多的表现形式来呈现配音艺术本身的魅力。

三、网络混剪配音的异军突起

在手机移动媒体盛行的时代，混剪配音有了更为多样的播出渠道，人们打开手机短视频，无论是抖音、快手，还是腾讯、b 站等，各种新奇的语音类主播在网络中层出不穷，这些主播大多是以搞怪配音为主，例如，截至2023年8月，以动物角色配音为主的《猫后生配音秀》已经更新了640多集内容，在西瓜视频上有380多万粉丝。同类型的还有《笑亿天搞笑配音》等以搞怪、混剪和段子为特点的网络配音博主，他们在声音的处理上往往更加亲民，许多甚至会采用方言，《猫后生配音秀》用的就是山西话，也具有内蒙古的声音特点。对短视频平台的观众而言，“方言+段子”的形式感更强，相对于大部分主流媒体中的普通话，方言本身更亲民，网民更容易接受，而博主围绕声音段子剪辑的视频本身也具有一定的戏剧冲突，容易戳中观看者的笑点，短视频的片段性特点则在让用户不停地刷视频的过程中形成了对博主的好感，进而成为忠实粉丝。也有一些作品是主打电影配音、以主播真人出镜的方式来演绎经典电影的经典桥段，在这类配音秀中，大多数主播表现出来的水准较为专业，加上其特有的形象吸引力等，产生了很多精彩的配音短视频。

从这些以草根为特色的声音类博主的发展看来，其成功有很多偶然性的因素在起作用，可能只是某一个视频无意中被放到了网上引起了轰动，被动地当上了“网红”，然后顺水推舟，以搞怪的形式进入配音行业。但是，要想持续引发关注，获得稳定的流量，网络声音博主还需要不断地完善视频内容。通过对一些较为成功的混剪类声音博主的分析来看，以下几个方面是他们所具有的共性。

第一，数量多。作为稍纵即逝的抖音新媒体平台，每日更新的视频量是非常庞大的。以抖音为例，每日新增视频超过千万条，在这样的庞大的视频库中，用户的注意力很容易转移，因此，博主只有不断地围绕特定主题更新视频，让用户在使用手机中不断刷到该类视频，才能引起注意，进而对博主的内容产生兴趣并持续关注。

第二，个性化。个性化的方式有很多种，如使用方言、多人对播、声音特效等，个性化的核心在于差异化，要形成自己的特色。在新媒体时代，雷同和抄袭成为视频创作中的顽疾，因此，形成配音内容的差异化特色，并持续巩固这一特色是博主能够在众多声音配音剪辑中脱颖而出的关键。

第三，注重品质。在网络音视频作品极其丰富的今天，一条视频打动了网友，可以成为一个阶段性的网络热点，但是，如果作品内容千篇一律，就会让网友很快失去兴趣，而要持续引发网友的关注，就需要注重视频的品质，以内容的质量取胜。

此外，一些专业式的声优也一度在抖音等平台吸引了大量粉丝，其中包括 2007 年 CCTV“希望之星”英语风采大赛徐州赛区总决赛一等奖获得者孙志立，他从 2007 年开始配音，为通用汽车、宝马集团、华为集团等产品配音，粉丝超过 390 万；充满日本动漫风格的抖音号“唯酱的配音时间”，主播周维是一位来自湖南长沙的配音演员，作品包括《蜡笔小新》《葫芦娃》等，粉丝也达到 150 万之多。这些配音创作者依托自己独特的声音条件、专业的声音控制技巧，通过大量的作品在网络受众中形成影响力，培养了固定的粉丝群，也通过抖音等新媒体平台的推广，获得了更高的关注度，实现了商业价值的倍增。

随着数字技术的发展，近些年，配音产业又迎来了新一轮变革，这次变革的主要表现形式是 AI 配音。AI 配音的发展历史最早可以追溯到 20 世纪 60 年代，当时人们将一段文字输入到计算机中，然后由计算机处理成音频。90 年代，随着机器学习技术的发展，计算机合成声音的能力得到了快速提高，AI 语音技术逐步从实验室走向普通大众。1995 年，微软推出了 Windows 95 操作系统，系统中嵌套了“Microsoft Sam”的语音合成软件，这是当时最先进的语音合成技术。

在大众日常生活领域，人们最常遇到的人工智能技术在语音领域的应用当属车载导航系统。高德等车载导航软件公司通过与明星合作，将明星的语音制作成导航语音包，当用户在实际使用时，语音包会像一个开车助手，在提供及时导航信息的同时，加入一些简单的安全提醒信息。而且，随着一些明星加入播报，语音播报路况成为车载导航的一项个性化服务。在语音播报发展时，一些 AI 家用设备的语音服务功能也让大众的生活更加有趣和和智能化。如百度推出的“小度”、天猫推出的“天猫精灵”等，这些 AI 家用控制终端既可以通过联网完成一些基本的语言对话，也可以为用户提供一些定制化的语音播报产品。在人工智能技术进入人们生活的初期，AI 语音已经具备了一定的智能化水平，但是与今天丰富的 AI 配音或者 AI 演播相比较，“小度”等智能语音助手出现初期的 AI 语音只能算是处于初级阶段，还不具备自我学习的功能，它更多的是信息的抓取和输出，声音元素也相对较为单一。与家用日常语音助手同步出现的还有 AI 语音客服，随着 AI 语音技术的发展，很多企业将原来需要大量人力服务的人工客服替换成 AI 语音客服，AI 语音客服可以根据客户咨询的常见问题给予相应的回答，能够覆盖大多数客户所需的应用场景，因为其不仅便捷、便宜，而且还能做到 7 ×24 小时不间断地响应，所以受到很多企业的青睐。

然而，无论是家用领域的“小度”产品还是商业用的 AI 语音客服等，目前在使用的时候大多体验感一般，它们基本上只能对已经存储的信息进行抓取和输出，生成的信息较为简单，与生活中复杂的语言对话和声音演绎还存在着较为明显的差距。进入 2023 年以后，以 AIGC、ChatGPT 等为代表的新一代人工智能技术快速改变了原有的语音生成方式，借助大语言模型，AI 技术强化了机器的自我学习功能，通过构建大模型来完成人类的思维训练，进而可以创造性地输出数据。在 AI 配音领域，一些新的音频网站开始推出基于人工智能和深度学习的配音软件和网站，在这些产品中，用户只需要输入所要朗读或者演播的文字稿，选择相应的朗读者、朗读语境、语速等，系统就会给用户匹配所需的 AI 配音演员。现在的一些视频类网站、直播带货以及数字人等场景中都有着大量的 AI 配音应用。人工智能语音技术已经在新技术的支撑下得到了快速发展，但从声音表现来看，普通用户已经很难区分所听到的声音是真人配音还是 AI 配音，在日常的消费市场领域，在朗诵、宣传片配音、影视剪辑配音等传统的配音领域，目前的 AI 技术已经可以替代人工。

面对 AI 配音技术带来的冲击，传统配音秀产业也必将引来新一轮的变革。可以预测，在这场变革中，配音这个小众产业将会受到更多的关注，会有越来越多的人加入 AI 时代的配音领域，以声音为主要特色的配音产业将会从后台走向前台，成为人们日常娱乐、工作、交流的方式之一。新技术的进步同样会带来传统配音产业的洗牌，大部分专职从业者将面临转型甚至转行，这就如同当年的摄影技术发明对绘画的影响，摄影带来了价廉的影像，但同时也培育了大量的影像生产工作者和爱好者，因为摄影，人们对真实场景和人物图像的获取变得更加容易，也因为摄影，传统绘画走向现代，绘画不是以模仿作为最主要的目的，印象派、立体主义、野兽派、超现实主义等绘画流派更加关注绘画这种表现形式的个体特性，追求用绘画的形式语言来表达创作者的情感世界。

从 1839 年摄影术诞生以来，在摄影技术的变革推动下，摄影术发展越来越快，特别是手机摄影等便携式设备的出现，打乱了传统摄影的生态，让摄影走向了两个极端：一个是专业级摄影，一个是生活用摄影，后者成为大众日常生活的一部分。而 AI 技术影响下的配音产业也将会走向两个领域：一个是日常生活中的配音秀，另一个是更加专业的数字音频产业，更高品质、更具表现力、更具个性化特色的声音将会越来越受重视和欢迎。

第十三章　游戏改编电影的成功策略

近些年，电子游戏改编电影成为院线的一个重要类型，从1993年的《超级马里奥兄弟》《超级街头霸王》至2023年的《超级马里奥兄弟》，约有40部游戏作品通过改编被搬上了大银幕。在这些作品中，除《极品飞车》《生化危机系列》《愤怒的小鸟》《魔兽》等少数获得成功之外，大部分改编作品或者是票房惨淡，或者是口碑不佳，而更多的则是两者兼而有之。

电影对电子游戏的改编热来自两者之间存在着内在的联系。电子游戏诞生于1952年，70年代开始进入商业娱乐市场，到了80年代，电子游戏就已成为最获利的娱乐产业之一。随着游戏的普及和发展，在世界范围内培养了大量的游戏忠诚用户，而游戏产品的不断更新，也在不停地吸纳新的用户群。在2020年的一期主题为“电子游戏的变革性力量”的TED演讲中，英礴（Improbable）首席执行官兼联合创始人程序员赫尔曼·纳鲁拉介绍：目前全球的游戏用户已达到26亿，而游戏人群的平均年龄是34岁，这样数量庞大同时又具有消费能力的年龄群恰恰也是当前电影所需的目标客户，因此，热门游戏的IP市场价值是近些年游戏改编电影最重要的推动力。①

电子游戏和电影，两者同属于受欢迎的数字娱乐类型，有着许多共同之处：都是典型的视觉性艺术形态，具有虚拟性特征，如果说电影观影是梦的体验，那么游戏则更像是白日梦，玩家在清晰的意识中主动进入梦的世界；此外，电子游戏和电影都可以进行叙事，许多游戏作品和电影作品在制作的时候也相互借鉴，相互促进。历史上，许多优秀的电影作品都曾被改编成游戏，其中最著名的是《007》系列、《异形》系列和《疯狂的麦克斯》系列等。由游戏改编的电影在数量上则要少得多，此外，相对

---

① 赫尔曼·纳鲁拉：《电子游戏的变革性力量》，网易公开课，https://open.163.com/newview/movie/courseintro?newurl=MEQ4BOIRT。

于百年电影史产生的庞大的优质电影数量而言，游戏制作厂商生产的热门游戏作品数量要少得多，也就是说游戏能够提供给电影进行改编的优秀IP还是非常有限的。

从对近些年由游戏改编的40多部商业电影的分析来看，游戏电影化改编往往面临许多不确定性，一些市场认可度非常高的游戏IP在进行电影化改编后效果却不尽如人意，如《超级街头霸王》《古墓丽影》《最终幻想》等，而某些相对小众的游戏作品被改编成电影后却获得了影迷和游戏玩家的共同认可，如《寂静岭》《刺客信条》等。从改编的类型来看，被改编的40多部游戏作品主要涉及格斗类、角色扮演冒险类、竞速类、射击类、恐怖类，而即时战略类等传统街机和端游类大型游戏、休闲益智类相对较少。例如，2016年《愤怒的小鸟》被改编成电影进入院线播出；2019年《愤怒的小鸟2》再次登上大银幕；2023年，讲述《俄罗斯方块》这款经典游戏背后的创作和争夺的故事的大电影也登上了银幕。总体来说，角色扮演类游戏因为本身的故事性较强，改编成电影往往会更容易获得成功，而由格斗类和射击类游戏改编的电影成功的较少，这类游戏改编后的电影与原游戏之间的连接性并不强，原有游戏IP的引流效应不佳。关于游戏的电影化改编，目前成功的作品大多具有以下几方面的特征。

一、以电影的强戏剧冲突性代替游戏的强互动性体验

从改编情况来看，游戏改编电影或是从热门游戏IP向电影院线引流，或是依托原有游戏故事进行二度创作，为电影创作提供精彩的故事。无论是通过哪种方式，电影化改编都需要解决如何让观众和原有的游戏玩家能够通过“看电影”替代“玩游戏”的情感体验的问题。

如果电影只是单纯地将游戏人物、场景搬到电影中，在情节故事上不能给予观众新的信息，并弥补观众游戏体验不足的遗憾，那么观众往往难以接受这些游戏改编后的电影作品。以2001年上映的《最终幻想：灵魂深处》为例，影片采用CG动画形式高度还原了游戏中的角色和场景，人物设计的细腻度达到了当时电影制作的最高水平。从观影效果来看，整部

影片就像《最终幻想》游戏片头动画、过场动画的加长版，一些喜欢该款游戏的忠实粉丝认为这部电影的效果堪称完美，然而1.37亿美元的制作成本、8000万美元的票房成绩反映出影院的观众，特别是这款游戏的大多数粉丝并不认同该部电影的创作，电影在原有的视觉基础上，增加了东方玄学元素的展示，影片黑暗的色调使得故事情节被冲淡，转而是大量的视觉冲击特效，虽然影片处处可以看到游戏的影子，但是作为电影的故事感、观影的代入感以及戏剧冲突设计都非常平淡，观众对电影的想象和观影快感得不到满足。而另外一部2016年由游戏改编的电影《魔兽》在电影故事化方面做得要好得多，影片根据暴雪娱乐制作的《魔兽争霸：人类与兽人》的故事线改编，讲述人族和兽人族之间爆发的一场冲突，全篇故事的矛盾起因于黑暗之门被打开，人族和兽人族之间要为各自的生存领地而战。在这部作品中，借助现代特效技术的使用，角色的视觉形象和场景特效与1994年的游戏相比更加真实、更具视觉冲击力，无论是兽族庞大的身躯、长长的獠牙，还是人族的盔甲设计、城堡设计等，都可以让观众找回当年玩游戏的感觉，更为重要的是，影片中的角色设计和情节铺设具有典型的好莱坞战争电影的特点，有代表恶势力野心勃勃、凶残的首领古尔丹，有代表正义守护的艾泽拉斯的人族莱恩和洛萨，以及在冲突中起关键转折力量的兽族英雄杜隆坦，各方人物的性格设计都非常鲜明，与电影的情节发展匹配恰当，将人物命运的转化放到影片的故事发展线索中，推动故事前进，使得电影呈现出来的故事流畅，情节跌宕起伏。对这部电影，专业电影人给予了这样的评价，"在细节上，它是'魔兽'原著的，在宏观上，它是'魔兽'电影的"[①]，影片的制作成本1.6亿美元，全球票房4.33亿美元，第三方打分7分，这样的成绩稳居近些年游戏改编电影的前列。因此，从游戏到电影的改编，其成功的因素根本还在于电影化本身，新的作品必须首先具备电影的特性，给观众带来电影的视听感受和故事体验，在电影化的故事中同样要充分利用游戏提供的故事框架和视觉基础。

游戏具有很强的交互性，玩家在玩游戏的时候主动参与并完成整部作品。游戏故事的推进以及结局的产生都依赖于玩家的深度参与，在这个过

---

① 《还原与改编：看完这篇文章你才真正看懂魔兽电影》，http://games.sina.com.cn/o/z/wow/2016-06-14/fxszmaa2009992.shtml。

程中，玩家具有很强的自主意识，会左右游戏的进程，并在不断试错的过程中得到提升，这恰恰是游戏最吸引人的地方，它是对人的智力、能力、身体反应能力等的开掘，玩家通过闯过一道道关卡获得满足感和实际的收获。电影的观影则不同，“对电影观众来说，娱乐即是这样一种仪式：坐在黑暗的影院之中，将注意力集中在银幕之上，来体验故事的意义以及那一感悟相伴而生的强力的、有时甚至是痛苦的情感刺激，并随着意义的加深而被带入一种情感的极度满足之中”①。观众本身并不参与剧情，即使是当前一些 3D、4D 电影，其改变的也只是观影的时候更多感觉器官的加入，绝大部分电影还不能让观众参与过程设计及结局设计，从这一点来说，电影的观影体验要远远弱于游戏的参与式体验。

因此，游戏改编成电影，一个重要的转换就在于用电影的强视听刺激来代替游戏的强互动性体验，用电影的语言来重构故事，这就是“电影化”，做到了这一点，改编自游戏的电影往往就能得到市场的认可。例如，电影《魔兽》中，大量的电影特效、壮观的战争场面以及惊心动魄的故事情节给了观众强烈的视听刺激，这样的刺激既让原来的游戏玩家感受到新的视听震撼，获得了新的快乐，也让更多非游戏观众获得愉快的情感体验。对《魔兽》的游戏玩家来说，虽然电影失去了互动体验的强刺激性，却带来了新的视听体验的刺激性，而对更大范围的电影观众而言，抛开游戏题材本身，《魔兽》仍然是一部场面宏大、制作精良的战争史诗电影。

二、以重构电影观的方式开发游戏的故事底本

电子游戏和电影虽然都可以呈现出故事性特征，但是它们讲述故事的方式却各有不同。游戏的故事推进需要玩家参与到游戏中，推动故事向前发展，故事的展开方式是线性的，随着玩家在游戏中玩的进度而展开故事线；电影的叙事则要复杂得多，大多数电影为了让故事更加精彩，会采用多线索叙事方式，围绕一个目标，同时展开几个不同的场景。在影片中的

---

① ［美］麦基：《故事：材质、结构、风格和银幕剧作的原理》，周铁东译，天津人民出版社 2014 年版，第 5 页。

一些情节点，这些线索会进行汇聚，产生相互的影响。这样的差异给游戏改编成电影带来了诸多困难，编剧需要在游戏的故事线之外加入许多额外的线索，并设定不同的阶段性目标使故事中的各个线索发生联系。例如，《古墓丽影》是由英国 Eidos 公司开发的一款角色扮演游戏，从 1996 年第一款游戏面试后，在长达 22 年的时间里，该题材一共出版了 15 个游戏版本。在 2006 年第七款游戏面世后，游戏女主角就以“历史上最成功的电子游戏女主角”的身份被载入史册，成为流行文化的一部分，在全球吸引了大量的粉丝。作为角色扮演游戏，《古墓丽影》的每一款游戏都是一个相对独立的故事，有完整的故事发展线，游戏玩家操控游戏角色在不同的地方进行探险、寻宝，故事围绕玩家任务完成和探秘的方式向前推进，在这过程中，通过丰富的动作设计，让玩家得到惊险、刺激的游戏娱乐体验，而游戏中层层探秘的过程则成为吸引玩家持续进行游戏的重要动力。2001 年，该款游戏被好莱坞改编成电影，2003 年、2018 年，《古墓丽影》第二、三部也分别进入院线。从票房收益来看，2001 年，《古墓丽影》的制作成本 1.15 亿美元，票房 2.75 亿美元，《古墓丽影 2》的制作成本 9500 万美元，票房 1.56 亿美元，作为一部商业电影，《古墓丽影》系列的票房还是很可观的，影片获得了市场的认可。然而，虽然取得了不错的票房成绩，但《古墓丽影》系列在口碑上却没有得到认同，尽管每一部电影都是根据对应的游戏故事版本进行改编的，然而许多电影人对该系列电影的剧情设计并不满意，第一部《古墓丽影》上映后，恶评不断，“《古墓丽影》只不过是一只导演精心包装好的金盒子，等到观众被骗到打开才知道，原来里面都是垃圾”①；第三方专业电影评分机构互联网电影资料库（Internet Movie Database，IMDb）评分 5.8 分。第二部上映后，不仅票房比第一部逊色，观影口碑也进一步下滑，IMDb 评分 5.4 分。评论指出，《古墓丽影 2》与《古墓丽影》相比大不如前，拍摄水平一般，故事情节俗套乏味。“《古墓丽影 2》可以说依然像第一部那么的幼稚、生硬、拿腔作势，在游戏中苦苦追寻的古墓迷们所渴望看到的劳拉精神依旧在影片中无迹可循。”②

---

① 李天：《〈古墓丽影〉》与《〈夺宝奇兵〉》，《电影评介》2002 年第 2 期。

② 红警苏红不懂爱：《〈古墓丽影 2〉》与劳拉精髓再度分道扬镳，《电影评介》2003 年第 10 期，第 34 页。

与《古墓丽影》系列市场反响不错而口碑遭遇滑铁卢不同，另外一部游戏改编电影《生化危机》系列在市场和口碑方面获得了双丰收，《生化危机》是日本任天堂公司1996年推出的一部冒险类游戏，从2002年第一部电影《生化危机》问世至2017年，德国康斯坦丁影业一共推出了6部真人演绎版电影，累计票房达到了11.46亿美元。除了高票房之外，《生化危机》系列的改编也是非常成功的，电影完全摒弃了游戏原作中末世界的无助与荒凉的设定，转而采用围绕病毒实验的传统好莱坞科幻电影模式，商业性元素越来越丰富。在情节设计上大胆突破，将原作中不存在的角色爱丽丝确立为系列电影的主角，并将她打造成一个类似于“劳拉”的女战神，而将原作中的吉尔、克莱尔、艾达·王和里昂等角色转变成配角。同时，围绕影片中病毒的源头，设计了大量故事情节和戏剧冲突来加以展现，形成了一个新的电影化的《生化危机》故事观。通过6部作品的成功上映，逐渐形成了属于电影的《生化危机》故事体系，培养了一批忠实的观影群体。《生化危机》系列之所以能大获成功，很重要的一点在于它以游戏故事为蓝本，但不局限于游戏故事线索，而是围绕游戏故事进行了较为完整的二次创作，将游戏故事彻底转换成电影叙事所需要的故事内容，并形成了新的故事发展体系。

三、以忠于原著的方式还原游戏的故事

对故事性强游戏的改编，忠于原著显得尤为重要。从游戏类型来看，特别是角色扮演类游戏，其故事情节本身比较丰富，为电影化改编提供了很好的故事基础，游戏中的场景、人物、故事线都已经基本确立。然而，这一类有基础故事框架的游戏在改编的时候又反过来制约了电影的二次创作，游戏玩家在观看电影时会有意识地比较电影中的情节设计是否与自己玩的游戏故事相近，一旦出现了较大偏差，玩家往往会有不满情绪，对改编的电影不予认同。以《古墓丽影》前两部为例，在对该游戏作品进行电影化改编时，为了增加故事讲述的精彩程度，电影在原有的游戏故事主线之外，设立了若干个辅助线索。例如，在《古墓丽影2》中，同时展开的线索有好几条：一条线索是主人公劳拉去寻找魔球，阻止反派人物莱斯打开潘多拉魔盒；一条线索是莱斯希望通过掌握潘多拉魔盒而向世界各地

贩卖生化武器；一条线索是谢里丹出于私心帮助劳拉，但又想独占潘多拉魔盒；一条线索是黑社会头目陈洛代表的“闪灵帮”试图将打开潘多拉魔盒的钥匙卖给反派莱斯，四条线索交织在一起，围绕“潘多拉”魔盒的秘密展开。从电影本身来看，作为一部探险题材电影，影片的故事结构是与传统好莱坞电影叙事相吻合的，然而，游戏中最为核心的探险、寻宝的故事线被弱化，劳拉的善良、不畏艰险、自信、柔情的特质也被冲淡，这也影响了观众对这一系列电影普遍的观感，即一些游戏玩家不满意故事情节中脱离了探险的主线，分支多，淡化了主角劳拉的地位；非游戏玩家觉得电影故事不够精彩，像一部风光片，缺乏惊心动魄的矛盾冲突设置。因此，对这一类故事性强的游戏作品进行电影化改编，要想让玩家和观众都认可，就不能将游戏故事简单移植到电影中，让观众在一个平庸的电影故事中寻找游戏的影子，消费观众的游戏情怀，而是要尽可能围绕游戏提供的故事底本进行重构性的二度创作，这就是游戏玩家通常最在意的“尊重原作”。

在近些年的游戏改编电影中，也有一些成功案例，这些电影在改编中尽可能保持游戏的原汁原味，主打忠实的游戏玩家群体，电影继承了原有游戏中已经形成的故事线和游戏观，在人物设计上也与游戏原作基本保持一致，进而得到了游戏忠实玩家的认可，也获得市场的认可，如《超级马里奥兄弟》《古墓丽影：源起之战》等。其中，《超级马里奥兄弟》2023 年 4 月在美国、中国大陆上映，截至 2024 年 4 月，该部电影票房达到了 13.6 亿美元，成为游戏改编电影以来单部电影票房最高的作品。作品还获得了第 35 届美国制片人工会奖、最佳院线动画片制片人等奖项。在《超级马里奥兄弟》电影制作中，环球影业《超级马里奥兄弟》游戏制作方任天堂联合出资制作，并由照明娱乐创始人兼首席执行官克里斯托弗·麦雷丹德瑞和任天堂担任董事兼研究顾问。为了打造原汁原味的电影作品，本片还邀请了“马里奥之父”宫本茂担任制片人，尽可能让电影观众通过大银幕感受到游戏的味道。在谈到该部作品的创作过程，宫本茂说：“我每次与好莱坞制片人见面，他们都会大谈特谈我们的游戏 IP 可以被改编成一部成功的电影，但我与克里斯托弗聊的主要话题却是我们的创作思路有多么相似。因此，这部电影的制作方式与我开发游戏的思路非常接近，值得庆幸的是，这对我来说得心应手。在电影的制作过程中，仅凭创作理念显然是没法解决所有问题的。我们在推进过程中经历了许多次试错和讨论：本片讲述了关于马力欧怎样的故事？粉丝们希望看到怎样的场景？在众多的游戏角色中，我们应该选择哪些放入影片？我们讨论了许多话题。”[①] 电影播出之后，票房获得成功的同时，观众也给了电影积极的评价，特别是对电影忠实还原了游戏的精神给予了肯定。“电影中高度还原的梦幻场景、人物质感以及超带感的镜头在顶级视听品质和身临其境的沉浸环境中，将观众深度沉溺于细腻还原、生机盎然的马力欧世界。”[②]

电影编剧罗伯特·麦基在谈到电影对文学的改编时指出：“改编的第二个原则：愿意再创造。以电影节奏来讲故事，同时保持原作的精神。”[③] 因此，对故事性强的游戏作品的电影化改编，既要忠实原著，也要进行再创造，形成属于电影的故事结构。在遵从游戏原有精神的基础上，也要大胆地进行删减和创造，形成围绕电影讲述的故事观。

《古墓丽影》系列在2003年之后很长时间没有翻拍，前两部电影遇到的口碑滑铁卢让电影制片方重新审视游戏的改编。2018年，时隔15年后，《古墓丽影：源起之战》再次上映，该部作品根据《古墓丽影9》游戏版本改编，影片的结构和大部分关键动作场面也借鉴了《古墓丽影9》的续作《古墓丽影：崛起》。电影讲述年轻的劳拉发现失踪的父亲遗留的信息，得知在异域的古墓里隐藏着危及世界的神秘力量，因此踏上了冒险之旅。在寻找的过程中，劳拉发现了邪马台族及太阳女王卑弥呼的秘密。该片制作成本9400万美元，全球票房2.74亿美元。相对于前两部作品，这一部作品在故事上更加尊重游戏原作，票房上也打了个翻身仗，是近些年游戏改编电影中较为成功的一部。不仅如此，影片的口碑也有明显提升，IMDb评分6.3分。从游戏改编电影的角度来看，该部作品保留了原作中主要的故事线、大部分场景以及故事中主人公的人物命运发展线索，劳拉标志性的武器——弓、“二战”的飞机残骸、反派组织“圣三一”等这些游戏中的道具和场景也都得以呈现。然而，并不是所有观众都认同这部电影的改编，特别是对大多数游戏忠实玩家来说，故事情节仍然被诟

---

① 王诤：《〈超级马力欧兄弟大电影〉上映，马力欧之父宫本茂出任制片人》，https://www.thepaper.cn/newsDetail_forward_22586856。

② 《〈超级马力欧兄弟大电影〉高分开局　“马力欧热潮”席卷全国　绚丽动画冒险尽在大银幕》，https://news.jstv.com/a/20230406/1680753868723.shtml。

③ ［美］麦基：《故事：材质、结构、风格和银幕剧作的原理》，周铁东译，天津人民出版社2014年版，第429页。

病，“《古墓丽影：源起之战》可能是最忠实于原著的游戏改编电影，但是仅仅做到忠实原著是远远不够的，影片并不能带给观众最佳的观影体验”①。原作中卑弥呼的神秘力量变成了因为身染瘟疫而选择自我牺牲，劳拉寻找的对象从好友转变成了父亲，原作中大量的异域建筑简化成了卑弥呼的墓室，这些变化给原作的忠实玩家留下了太多遗憾。这些遗憾和期待也促使制片方计划推出影片的续集，并打出了续集将更忠实于原著的宣传，以进一步发掘《古墓丽影》这一经典优秀 IP 的商业价值。

四、以重构方式摆脱游戏故事底层的限制

相对于电影的强故事性特征，游戏的类型特征更加丰富，有一些游戏作品的故事性并不强，但其在游戏市场的反响却出奇的好，成了极具商业价值的 IP，如一些射击类、竞速类、休闲类游戏等。在游戏改编的电影历史中，这一类游戏作品也是电影制作公司热衷改编的题材，如早期的《格斗之王》《超级马里奥兄弟》《毁灭战士》《死亡之屋》《铁拳》，到后来的《极品飞车》《愤怒的小鸟》等作品，但这些游戏改编的电影作品许多被贴上了情节简单、画面粗糙、内容暴力等标签，在市场和观影口碑上双双失利。然而，近几年推出的《极品飞车》和《愤怒的小鸟》两部作品却一反常态，在市场票房和观众口碑上获得双赢。《极品飞车》是美国电艺公司在 1994 年开发的竞速类游戏，到 2022 年共发行了 22 部作品，在全世界游戏玩家中积累了超高的忠实粉丝。2014 年，这部经典游戏作品被改编成了同名电影，制作成本 6600 万美元，票房收入 2 亿美元，IMDb 评分达到 6.5 分，在游戏改编电影中口碑名列前茅。与《古墓丽影》中有安吉利亚朱莉担纲，《生化危机》系列中有米拉·乔沃维奇、李冰冰、米歇尔·罗德里格斯、伊恩·格雷等中外著名电影演员加盟助阵不同，《极品飞车》中的演员大多名不见经传，影片的成功主要得益于过硬的情节设计和庞大的粉丝群体。影片还原了游戏中的大量场景，摆脱了游戏原有故事观的束缚，以赛车作为载体设计：主角托比含冤入狱，出狱后

---

① 《“黑豹”北美周末五连冠力压“新古墓丽影”》，https://www.sohu.com/a/225822537_163491。

绝地反击，为了给好友报仇、为了证明自己的清白而重新踏入赛道，并最终成功复仇的故事。电影版的《极品飞车》依托游戏场景，重新设计了故事观，确立了角色性格和人物的命运发展线索，建构了典型的好莱坞英雄片模式，而影片中熟悉的场景和赛车又让游戏玩家找到了游戏的影子，两者相互推动，让影片获得了游戏玩家的认可。同时，经典的好莱坞英雄叙事模式、充满刺激的飙车场景也给了普通电影观众呈现了一场视觉盛宴，造就了一部普通而不平庸的院线爆米花电影。

而另外一部游戏改编电影《愤怒的小鸟》原本是芬兰的 Rovio 公司 2009 年开发的一款休闲闯关手游，该款游戏推出之后，在网络上的搜索率一度超过了米老鼠。截至 2023 年，《愤怒的小鸟》这款已经发布了 14 年的老游戏，累计下载量已经达到了 40 亿次。[①] 从 2009 年《愤怒的小鸟》第一版问世至 2020 年，Rovio 公司先后推出了《愤怒的小鸟季节版》《愤怒的小鸟里约版》《愤怒的小鸟太空版》等共计 22 个版本。2016 年，该款游戏被首次改编搬上大银幕，制作成本 7300 万，全球票房达到了 3.5 亿美元，IMDb 评分达到了 6.3 分，获得票房和口碑的双赢。2019 年《愤怒的小鸟 2》上映，虽然票房上比第一部差了许多，但是观众对影片故事认同感更胜于第一部，观众普遍反映该部作品剧情更加吸引人，影片中的笑点更加密集，值得一看，IMDb 评分达到了 6.4 分。作为一款益智类闯关手游，《愤怒的小鸟》虽然开发了不同的场景系列，但是游戏本身没有什么故事性，游戏让玩家熟悉的是场景和角色形象，而在进行电影化改编之后，游戏中红色小鸟的角色被设定为影片的主角“胖红”，并赋予了它鲜明的性格特点：脾气暴躁、个性鲜明、敢于挑战权威等。在第一部作品中，它和好朋友飞镖黄、炸弹黑等带领鸟岛上的小鸟们顺利地战胜了猪岛的大反叛，成功救回了鸟岛的鸟蛋，成了鸟岛的大英雄。从《愤怒的小鸟》的故事来看，它更多的是借助原有游戏形象的二次创作，保留了原有游戏的形，而重新赋予了新故事的魂，成为一部既与原作有相似性又完全独立的新的电影作品。

从这一类作品的改编情况来看，它的成功得益于两个方面：一方面是原游戏作品具有非常广泛的受众基础，游戏的忠实用户群具有规模效应；

---

① 《40 亿下载的全球级爆款手游，被自家公司下架！1 美元真卖便宜了》，https://new.qq.com/rain/a/20230225A05O8A00。

另一方面是新的改编创作具有独创性，能够借用原有游戏的形象进行独立的二次创作，讲出精彩的故事，进而将原有的游戏玩家群体对游戏的热爱转移到对电影的观影冲动中，打造出优秀的游戏改编电影作品。

进入21世纪以来，电子游戏与人们的生活越来越密不可分，特别是手游的出现和普及，占据了人们很多闲暇时间，如果说20世纪中期电视的普及是电影票房最大的威胁，那么，21世纪以来，电子游戏最有可能成为电影的终结者。无论未来电影和电子游戏之间还会有怎样的竞争，游戏电影化已经在近些年成为新的电影制作趋势，然而，如何让观众特别是忠实的游戏玩家在走出电影院时还能期待电影的续集，从目前的情况来看，游戏电影化改编还需要做很多努力。关于二者的关系，未来理想的状况是，那些拥有广泛受众基础的热门游戏能够经过电影化的改造，在院线里再度释放光彩，赢得市场和口碑的双丰收。从上文对一些经典游戏改编的分析来看，从游戏到电影，不只是一个简单的平台移植，它更依赖于电影人精彩的二度创作，甚至需要在游戏基础上建立全新的电影化故事系统，只有如此，才更有可能将热门电子游戏这些优质IP成功进行转化。

写在最后：未来的数字音频产业遐想

数字音频艺术的未来会走向何方？对一个以技术支撑的艺术形态而言，受技术发展的制约和影响是不可避免的，新技术的出现会不断推动数字音频艺术类型体系的丰富，也会推动数字音频艺术进一步发展。与此同时，随着数字音频艺术与其他艺术形态的进一步融合，新的混合形态的艺术样式也一定会出现，这也是当下艺术发展的趋势之一。结合现有的技术发展和已出现的艺术融合趋势来看，可以从以下几个方面来设想和规划一下未来数字艺术及其产业的发展。

一、音质持续提升

随着数字音频技术的不断发展，音频质量将得到进一步提高，无损音频和高清音频编码技术将得到更广泛的应用，使得音频信号的传输和存储更加高效，同时保持更高的音质。2012 年 12 月，杜比声音实验室发布了杜比全景声（Dolby Atmos），它是自环绕声发明以来最重要的影院声效技术突破，在音效设计中采取了独特的分层方法。它突破了传统的 5.1 声道、7.1 声道的声音处理方式，将声音与电影的剧情相结合，呈现出动态的声音效果。杜比全景声最多可以有 64 个独立扬声器呈现内容，且多达 128 个音轨，为观众提供精致、逼真的音频和音质体验。它可以通过模拟声音在空间中的位置和方位，使听众能够感受到来自各个方向、各个高度的声音，从而创作出更加真实、更具沉浸感的声音环境。杜比全景声使用创新的分层方法来建立音轨，基础层中主要包括静态环境声音，使用常见的基于声道的方法进行混音。上层是动态声音元素，可以精确地布置和移动以匹配银幕上的画面。在 2024 年的欧洲视听技术及系统集成展览会（Integrated Systems Europe，ISE）上，法国著名的音频处理技术公司 Trinnov Audio 展示了最新的声音产品 WaveForming 技术，该技术结合被动和主动声学处理方式，有效地减少了小房间固有的低频问题，为不同空间影院的声学环境搭建提供了解决方案。

二、智能化处理

数字音频技术将人工智能（Artificial Intelligence，AI）和机器学习等技术相结合，实现更加智能化的音频处理和分析。在今后的时间可以看到，AI 技术将广泛应用于各个场景，包括声音领域。目前，AI 已经在音频处理和音乐创作中崭露头角，通过语音识别、音频降噪、声音合成等方式，AI 已经逐步影响和改变着现有的数字音频和音乐产业。现在，通过已开发的 AI 产品，创作者可以运用低门槛的方式开展音乐创作、歌曲生成和特色的声音设计。例如，在语音识别领域，借助 AI 深度学习模型，可以将语音信号转换为文本数据。传统的语音识别系统需要复杂的特征提取和分类算法，而 AI 可以自动提取和学习语音的特征，并准确地将其转换为文本。例如，AI 可以根据大量的训练数据学习各种不同的语音特征，从而实现更准确和高效的语音识别。而且，通过大数据分析和解码，结合大量的训练，AI 已经可以模拟和生成各种声音，生成逼真的人声或乐器声音；不仅如此，在音乐创作领域，AI 已经可以通过学习大量的音乐作品和风格，生成新的音乐作品，而且可以根据用户的需要，有针对性地生成用户想要的任意的声音类型和音乐风格。借助 AI 进行编曲、歌词创作、混音、合成，进而创作出一个完整的音乐作品。

例如，智能语音助手可以通过分析语音来提供更精确的服务，智能音频编辑软件可以自动识别和修复音频中的噪音和失真等问题。另外，AI 音乐生成技术还可以与电影和游戏场景相结合，根据电影情节和游戏剧情需要，自动生成相应的音效和音乐，从而大大改变现有的声音后期制作流程，改变现有的声音创作模式，提高音乐制作和传播的效率，打开音频产业新的局面。

三、沉浸式体验

随着虚拟现实（Virtual Reality，VR）和增强现实（Augmented Reality，AR）技术的发展，数字音频技术将为这些技术提供更好的沉浸式体验。2023 年，Meta 为了给 AR 眼镜打造智能助手，开发了第一人称的视觉模型和数据，探索将视觉和语音融合的 AI 感知方案。例如，通过在游戏中创建逼真的环境声音，可以提高游戏的沉浸感。此外，3D 音频技术也将得到更广泛的应用，使得听众可以感受到更加真实和立体的声音效果。Meta AI 科研人员和 Reality Labs 音频专家、得克萨斯大学奥斯汀分校科研人员合作，开发了三个专为 AR/VR 打造的声音合成 AI 模型：Visual Acoustic Matching Model（视听匹配模型）、Visually – Informed Dereverberation（基于视觉信息的抗混响模型）、VisualVoice（利用视听提示将对话和背景音区分）。它们的特点是可对视频中的人类对话和声音进行视听理解，并与 3D 空间定位进行匹配，实现沉浸的空间音频效果。这种 AI 模型可以根据外观和声音来理解物理环境。利用 AI 的数据训练，科研人员验证了视听匹配模型的效果，结果发现该模型可成功将对话与目标图像场景融合，效果比传统的纯音频声学匹配方案更好。利用这些智能的 AI 语音分割模型，未来虚拟助手可以随时随地听到你的指令，无论是在音乐会、热闹的聚会还是在其他音量大的场景。

四、多元化应用场景

未来，数字音频技术的应用场景将越来越广泛，不再局限于音乐和娱乐领域，还将拓展到智能家居、自动驾驶、医疗保健等多个领域。从之前居家的“小度”“天猫精灵”，到正在逐步发展的 AI 辅助家庭机器人，借助语音识别和交互技术，人们正在通过语音来训练自己的私人管家，实现智能设备的万物互联，开启智慧家庭生活时代。同样，在新能源汽车兴起的同时，智能驾驶、语音控制等也由科幻场景走进现实，汽车空间也在数字音频的串接下组成了智慧的物联空间，办公、娱乐、信息查询等原来不属于汽车空间的行为也逐步进入智慧汽车场景中。2023 年 4 月，华为问界 M5 汽车发布，在新的智能驾驶系统中，借助华为自己研发的鸿蒙物联网操作系统，华为宣布实现空间音频首次“上车”，重构座舱沉浸听音体验，华为音乐也成为首个正式支持车载高清空间音频体验的平台。而全新升级的车载小艺智慧助手，产生多个智慧新功能，例如，小艺智慧停车功能，让找车位快人一步，小艺建议功能为用户带来全场景下更贴心的主动服务，全新多模态自适应技术让小艺语音交互更自然流畅，甚至连语速快慢都能与用户形成匹配。

五、跨媒介融合

数字音频艺术可能会与其他艺术形式如视觉艺术、表演艺术、装置艺术等进行更多的融合。在近些年的音频艺术展览中，声音装置艺术、声音行为艺术、声音多媒体艺术等一些跨界融合的形式越来越丰富，形态也越来越多样化，不断打破人们对传统艺术边界的认知。2024 年 1 月，重庆大学国家科技园举办了“我的耳边漫游，静听山城”声音艺术展，在展览中，借助视听传达设备，创作者对非物质文化之声、自然之声、社会人文之声等题材进行挖掘、整理和再创作，将一些属于当下城市和记忆中城市的声音进行采集，如茶馆内倒茶声、跳蚤市场二手音乐的声音、街边的叫卖声、路边的鸟鸣声等，以声音为媒介，唤起人们的记忆；2024 年 3 月，上海多伦现代美术馆举办了“听路：中国当代声音艺术实践”的声音大展，以当代艺术视野中的展览为线索，通过文献资料来回顾声音艺术在中国的在地过程，观察中国声音艺术家的创作演变，思考声音艺术在当下的艺术生态与未来的可能。参展人陈维的作品《协奏曲/弹幕》是一个包含了网络、影像和声音的装置。他把展厅里有一件录像作品放到了美术馆的网站上，参观者可以通过弹幕对它做出评论或是回应或是胡言乱语，输入到屏幕上的每一条语句在飘出屏幕的时候都会触发展厅中的合成器去演奏一个随机的音符，不论你在什么地方，只要登录输入弹幕，都可以是展厅里这段声音的演奏者。这种跨媒介的融合将为艺术家提供更多的创作可能性，并推动数字音频艺术向更加综合化和多元化的方向发展。

正如技术的发展没有穷尽，艺术家的创作也没有边界，在科技与艺术两条发展轨迹上，数字音频艺术的发展和创新也是没有界限的，将会随着时代的变迁、人们接受观念的变化不断衍生，诞生出更加丰富的类型和体系，构建起数字音频艺术自己的艺术体系，在“看”的世界中，再为人类创造一个“听”的世界。